全国技工院校计算机类专业教材
（中/高级技能层级）

微型计算机外围设备

（第四版）

人力资源社会保障部教材办公室　组织编写

中国劳动社会保障出版社

内容简介

本书是全国技工院校计算机类专业教材（中 / 高级技能层级），主要内容包括微型计算机及外围设备概述、显示设备、打印设备、图像视频采集设备、存储设备、其他常见外围设备。

本书由郭观棠主编，何山任副主编，黄伟斌、莫志军参加编写。

图书在版编目（CIP）数据

微型计算机外围设备 / 人力资源社会保障部教材办公室组织编写 . -- 4 版 . -- 北京：中国劳动社会保障出版社，2019

全国技工院校计算机类专业教材：中/高级技能层级

ISBN 978-7-5167-3981-5

Ⅰ. ①微… Ⅱ. ①人… Ⅲ. ①微型计算机 – 外部设备 – 技工学校 – 教材 Ⅳ. ①TP364

中国版本图书馆CIP数据核字（2019）第099503号

中国劳动社会保障出版社出版发行

（北京市惠新东街 1 号　邮政编码：100029）

*

北京宏伟双华印刷有限公司印刷装订　　新华书店经销

787 毫米 ×1092 毫米　16 开本　11.25 印张　212 千字

2019 年 6 月第 4 版　　2024 年 8 月第 8 次印刷

定价：21.00 元

营销中心电话：400-606-6496

出版社网址：http://www.class.com.cn

http://jg.class.com.cn

前言

为了更好地满足技工院校计算机类专业的教学要求，适应计算机行业的发展现状，全面提升教学质量，人力资源社会保障部教材办公室组织全国有关学校的一线教师和行业、企业专家，充分调研企业用人需求和学校教学情况，吸收借鉴各地技工院校教学改革的成功经验，根据人力资源社会保障部颁发的《技工院校计算机类通用专业课教学大纲（2015）》《技工院校计算机应用与维修专业教学计划和教学大纲（2015）》《技工院校计算机网络应用专业教学计划和教学大纲（2015）》对相关教材进行了修订。本次修订的教材包括:《电工与电子技术基础（第三版）》《键盘操作与五笔字型（第二版）》《计算机应用基础（第二版）》《常用办公软件（第三版）》《计算机组装与维护（第二版）》《Dreamweaver 网页设计与制作（第二版）》《Photoshop 平面设计与制作（第二版）》《Flash 动画设计与制作（第二版）》《计算机网络基础与应用（第二版）》《Internet 基础与应用（第三版）》《常用工具软件（第三版）》《微型计算机外围设备（第四版）》《制图与机械常识（第三版）》等。

本次教材修订工作的重点主要有以下几个方面：

第一，坚持以能力为本位，突出职业教育特色。

根据计算机类专业毕业生所从事职业的实际需要，合理确定学生应具备的知识结构与能力结构，对教材内容的深度、难度做了调整。同时，进一步加强实践性应用环节，突出职业教育特色，以满足社会对技能型人才的需要。

第二，兼顾技术发展与教学条件，突出计算机综合应用能力培养。

针对计算机软、硬件更新迅速的特点，在教学内容选取上，既注重体现新软件、新知识，又兼顾技工院校教学实际条件。在教学内容组织上，不仅仅局限于某一计算机软件版本的具体功能，而是更注重计算机使用能力的拓展，使学生能够触类旁通，提升计算机使用的综合能力，为后续专业课程的学习打下良好的基础。

第三，创新教材编写模式，注重实践能力培养。

根据技工院校学生认知规律，创新教材编写模式，以完成具体工作过程为主线组织教材内容，将理论知识的讲解与具体的任务载体有机结合，激发学生学习兴趣，提高学生实践能力。

第四，丰富教材表现形式，提高教材可读性。

在表现形式上，通过丰富的操作图片和软件截图详尽地指导任务操作步骤和软件使用方法，使教材内容更加直观、形象。结合计算机类专业教材的特点，多数教材采用四色印刷，图文并茂，增强了教材内容的表现效果，提高了教材的可读性。

第五，开发多种教学资源，提供优质教学服务。

在教学服务方面，为方便教师教学和学生学习，配套提供了制作素材、电子课件、教案示例等教学资源，可通过中国技工教育网（http://jg.class.com.cn）下载使用。除此之外，在部分教材中还借助二维码技术，针对教材中的重点、难点内容，开发制作了操作演示微视频，可使用移动设备扫描书中二维码在线观看。

本次教材的改版工作得到了河北、黑龙江、江苏、河南、广东、重庆等省（直辖市）人力资源社会保障厅（局）及有关学校的大力支持，在此我们表示诚挚的谢意。

人力资源社会保障部教材办公室

2019 年 1 月

目 录

CONTENTS

第一章
微型计算机及外围设备概述

随着信息技术的不断发展和普及，计算机已成为人们工作、生活、学习中常用的、必不可少的工具之一。在专业技术上，“计算机”是一大类计算设备的统称，在日常生活中人们接触最多的，实际上只是计算机中的一个类型——微型电子计算机（也可简称为微型计算机、微机等，俗称电脑）。除了微型电子计算机，还存在很多其他类型的计算机设备，如目前在科学研究领域用于大资料量与高速运算的超级计算机，还在理论研究阶段的量子计算机和生物计算机等。在本教材中，如无特殊说明，所提及的“计算机”均指微型电子计算机。

学习目标

1. 了解微型计算机的基础知识。
2. 掌握微型计算机外围设备的概念和分类。
3. 能够识别微型计算机主板上各个外围设备的接口。

一、微型计算机硬件系统

微型计算机系统是由硬件系统和软件系统组成的。其中硬件系统是指构成计算机的电子线路、电子元器件和机械装置等物理设备，是有形的实体。计算机硬件系统的结构，可以分为主机系统和外围设备两大部分。主机是计算机的心脏，完成计算机的主要操作，并且要协助与外围设备的通信。主机包括中央处理器（CPU）、主板和内部存储器（简称内存）等。外围设备包括输入设备、输出设备、外部存储器和其他扩展设备。

1. 主机系统

计算机主机系统主要包括主板、CPU、内存和电源。

主板（mainboard）可称为主机板或者母板，是机箱内最大的一块印刷线路板，如图1—1所示。作为整个计算机的基板，主板是CPU、内存、显卡等各种扩展卡的载体。所有外部设备若要正常工作，必须与主板正确地连接。

● 图1—1　主板外观

在主板众多接口中，最主要的是连接

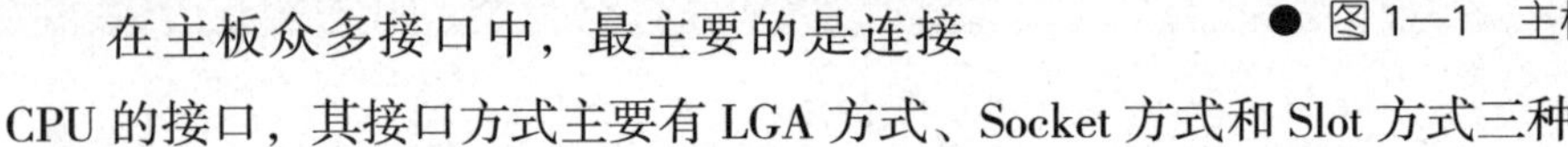

CPU的接口，其接口方式主要有LGA方式、Socket方式和Slot方式三种。

CPU又称为中央处理器单元，是微型计算机的核心部件，是包含控制部件和运算部件等的一块大规模集成电路芯片。计算机中所有的信息资源都由CPU进行处理，CPU的品质直接影响着计算机整机的运行速度。目前市场主流的处理器有Inter的酷睿i7（见图1—2）、酷睿i5、酷睿i3，AMD的锐龙3、锐龙5、锐龙7等。衡量CPU性能好坏的指标主要有CPU所能处理数据的位数（即机器字长）、CPU的主频等。

内存是微型计算机的主存储器，用于存放正在运行的程序和数据。它们大多是由半导体元器件组成，如图1—3所示。内存在很大程度上影响着计算机的运行速度。

● 图1—2　酷睿i7 CPU

● 图1—3　内存

微型计算机电源的主要功能是将交流电转换成计算机所用的直流电，电源上还有很多不同的接口，它们分别是给主板、硬盘、光驱等部件提供电源的接口。

2. 外围设备

微型计算机的外围设备比较多，大致可分为输入设备、输出设备、外部存储器和其他扩展设备等。

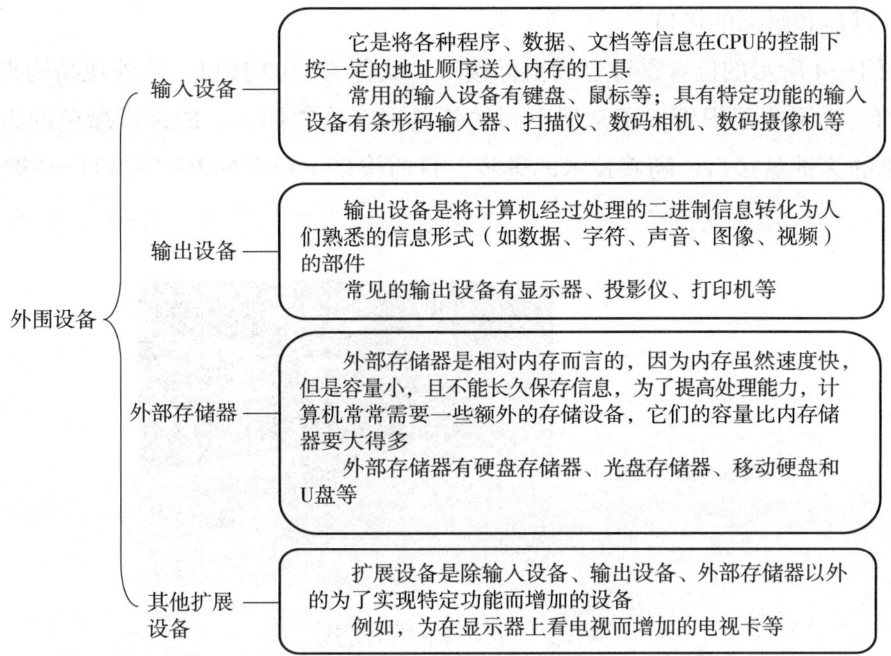

二、微型计算机软件系统

没有任何软件支持的计算机称为裸机，裸机是几乎不能工作的。计算机软件一般分为系统软件和应用软件，分类示例如下所示。

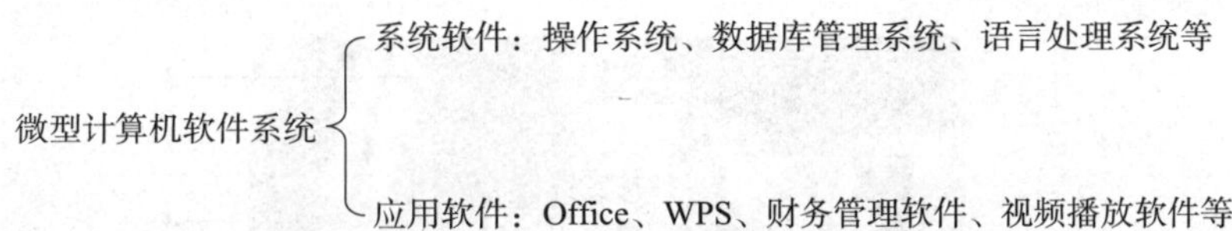

三、微型计算机接口基础知识

1. 微型计算机接口概述

从广义来讲，接口是指两个相对独立子系统之间相连的部分。由于主机与各种外围设备有着相对独立性，它们一般是无法直接相连的，必须经过一个转换机构。用于连接主机与微型计算机外围设备的这个转换机构就是I/O接口电路，简称接口。

2. 主板上的常见接口

主板就像计算机的躯干，布满了各种接口，每种接口都对应着不同的连接配件，除此之外还有各种元器件的插槽，位于主板一侧的用于连接各种不同外围设备的接口主要有以下几种：

（1）键盘和鼠标的接口

如图 1—4 所示的位置是键盘和鼠标接口，又称为 PS/2 接口。从外观结构来看它们是一样的，为了便于识别，通常用不同的颜色来区分它们，一般来讲绿色的为鼠标接口，紫色的为键盘接口。随着技术的进步，目前很多主板上的 PS/2 接口已经被 USB 接口取代。

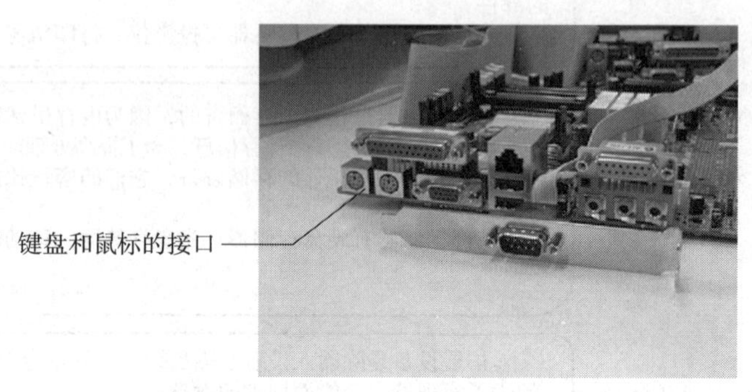

● 图 1—4　键盘和鼠标接口

（2）内置网卡接口

图 1—5 中 2 所示的位置为网卡接口，也称为 RJ-45 接口。这种主板集成了网卡，因此带有 RJ-45 接口。若主板上未集成网卡，则要在主板上安装网卡后才有此接口。

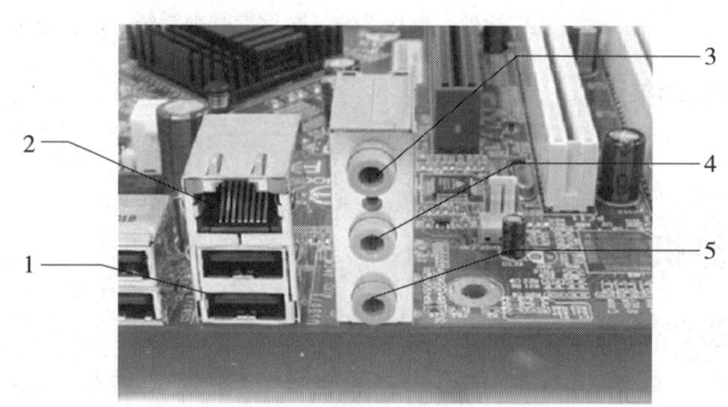

● 图 1—5　主板常见接口图 1

1—USB 接口　2—网卡接口　3—音源输入插孔　4—耳机或音箱音源输出插孔　5—麦克风输入插孔

（3）USB 接口

图 1—5 中 1 所示的位置是 USB 接口，是目前最流行的外设接口，其全称为通用串行总线接口。USB 接口支持热插拔和即插即用，不占用中断和地址资源，可以同时装多个设备，速度快，不需要外接电源。

（4）声卡接口

如图 1—5 中 3 ~ 5 所示的位置是声卡接口，一般在主板上有集成的声卡。而每个声卡上有几个插孔，分别用不同的颜色来区分，详情见表 1—1。

表 1—1　　声卡上的插孔

插孔颜色	说明
青绿色	耳机或音箱音源输出插孔
浅蓝色	音源输入插孔
粉红色	麦克风输入插孔

（5）并口

如图 1—6 中 1 所示的位置是并口，也被称为 LPT 口，在 ATX 主板上是 25 针的母接头，颜色为红色，一般是用来连接打印机，所以又称为“打印机接口”。并口的工作模式有三种：标准工作模式、增强型工作模式和扩充型工作模式。

图 1—6　主板常见接口图 2

1—并口　2—串口

（6）串口

如图 1—6 中 2 所示的位置是串口，也被称为 COM 口。串口是主板的标准外围设备接口之一，但由于其数据传输能力较低，而且不支持即插即用，现在已经逐渐被淘汰。很多主板提供 2 个 COM 口（即 COM1，COM2），两者在 ATX 主板上都是 9 针的 D 型接头，长相一样，功能也相同。

（7）VGA 接口

如图 1—7 中 1 所示的位置是 VGA 接口。VGA 接口是采用 VGA 标准输出数据的专用接口。VGA 接口共有 15 针，分成 3 排，每排 5 个孔，它是显卡上应用最为广泛的接口类型，绝大多数显卡都带有此种接口。它能传输红、绿、蓝模拟信号以及同步信号

（水平和垂直信号）。

（8）DVI 接口

如图 1—7 中 2 所示的位置是 DVI 接口。DVI 接口是一种用于高速传输数字信号的视频接口，有 DVI–A、DVI–D 和 DVI–I 三种不同类型的接口形式。DVI–D 只有数字接口，DVI–I 有数字和模拟接口，目前应用主要以双通道 DVI–I（24+5）为主。DVI 接口在高分辨率下画面更加细腻，不容易受信号干扰，但是当显示分辨率超过 2 560 × 1 600 时，建议更换 HDMI 接口。

（9）HDMI 接口

如图 1—7 中 3 所示的位置是 HDMI 接口。HDMI 接口是高清多媒体接口（High Definition Multimedia Interface）的简称，是一种全数字化视频和声音发送接口，可用于机顶盒、DVD 播放机、计算机、电视游戏器、综合扩大机、数字音响与电视机等设备。HDMI 可以同时发送音频和视频信号，由于音频和视频信号采用同一条线材，大大简化了系统线路的安装难度。HDMI 接口是目前应用范围最广的视频接口。

● 图 1—7　主板常见接口图 3

1—VGA 接口　2—DVI 接口　3—HDMI 接口

第二章
显示设备

从广义上讲，街头随处可见的大屏幕、电视机、液晶拼接的显示屏、手机显示屏都属于显示设备的范畴。本章将重点介绍投影仪、LED 显示屏和电子白板这三种常用的显示设备。

第一节　投　影　仪

任务一　投影仪的认识

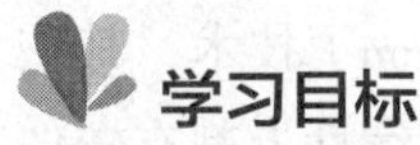

学习目标

1. 了解投影仪的种类和特点。
2. 了解投影仪的技术指标。
3. 了解投影仪幕布选择的基本知识。

投影仪是一种新型的多功能显示设备，广泛应用于多媒体教室、会议室、报告厅、网络中心、指挥监控中心、家庭娱乐等场所。它不但可以作为计算机、工作站等设备的显示终端，还可以接收录像机、电视机、数码影碟机、手机、PDA 以及视频展示台等设备传送的信号。它是一种应用非常广泛的大屏幕显示设备。

在学校进行多媒体教学过程中，为了提高授课效果和授课质量经常要用到投影仪，本任务的内容是了解投影仪的基本知识。

一、投影仪的种类

1. 按投影技术划分

按投影技术的不同，投影仪可以分为 CRT 投影仪、LCD 投影仪、DLP 投影仪、LCOS 投影仪四类。CRT 投影仪因体积大、亮度低已基本被淘汰。不同种类的投影仪如图 2—1 所示。

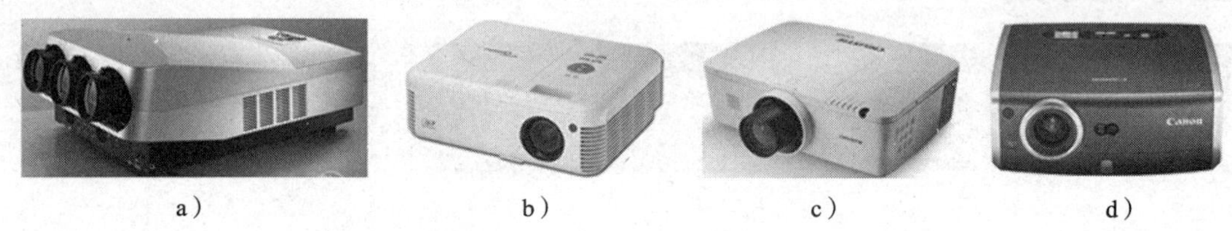

a）　　b）　　c）　　d）

● 图 2—1　不同种类的投影仪

a）CRT 投影仪　b）LCD 投影仪　c）DLP 投影仪　d）LCOS 投影仪

液晶（LCD，Liquid Crystal Display）分为透射式和反射式两种。普通 LCD 投影仪的液晶板采用透射液晶制成。该类产品的优点是分辨率和亮度高、色彩艳丽、体积小、价格适中，缺点是液晶板和灯泡的寿命相对短一些。LCD 投影仪目前大量应用于各个领域，是主流技术产品。

采用数码光输出（DLP，Digital Light Processor）技术的 DLP 投影仪，图像灰度和色彩都能达到很高的等级，图像噪声较低，色彩还原真实度高，画面质量稳定。DLP 投影仪清晰度高、画面均匀、色彩锐利、体积小巧，不需要进行会聚调整，可随意变焦，调整很方便，但是价格较贵。

LCOS 投影仪采用反射式液晶中的硅基液晶（Liquid Crystal On Silicon）技术，其核心部件是反射式液晶板。该类产品在色彩饱和度、还原度和动感画面连续性上都有较佳表现，体积也可以做得比较小巧，价格比较有竞争优势，与 LCD 技术相比在亮度、分辨率上有很大的提高。LCOS 投影仪主要应用于演示和娱乐场景。

2. 按使用环境划分

按使用环境不同，投影仪可分为家庭影院型投影仪、商务便携型投影仪、教育会议型投影仪、工程型投影仪、专业剧院型投影仪等。

家庭影院型投影仪的特点是亮度在 2 000 lm 左右，对比度较高，投影的画面宽高比多为 16∶9，各种视频接口齐全，适合播放电影和高清晰电视，适合家庭用户使用。

一般把重量低于 2 kg 的投影仪定义为商务便携型投影仪，这个重量跟轻薄型笔记本电脑不相上下。商务便携型投影仪的优点是体积小、重量轻、移动性强，是传统的幻灯机和大中型投影仪的替代品。轻薄型笔记本电脑与商务便携型投影仪的搭配，是移动商务用户在进行商业演示时的首选搭配。

教育会议型投影仪一般定位于学校和企业应用，采用主流的分辨率，亮度在 2 000 ~ 3 000 lm，重量适中，散热和防尘效果比较好，便于安装和短距离移动，功能接口比较丰富，容易维护，性价比也相对较高，适合大批量采购普及使用。

相比主流的普通投影仪，工程型投影仪的投影面积更大、距离更远、亮度更高，而且一般还支持多灯泡模式，能更好地应付大型多变的安装环境，适用于大型会议室、科技、文化类展馆等应用场合。

专业剧院型投影仪更注重稳定性，强调低故障率，其散热性能、网络功能、使用便捷性等方面均较好。由于其体积庞大、重量大，通常用在特殊场合，例如剧院、博物馆、大会堂、公共区域，还可应用于公安指挥中心、消防和航空交通控制中心等环境。

3. 按安装方式划分

按安装方式不同，投影仪可分为正投、背投、吊投和侧投四种形式。

正投是指用户与投影仪位于投射画面的同一侧，投影画面直接通过幕布或墙体反射到用户眼中的投影方式。正投安装是投影仪应用最为广泛的一种安装方式，也是最易于实现的一种投影方式。

背投是在幕布后投射，画面透过幕布在另一侧显示出来。相对于正投，背投在画面效果方面会有一定的保障，由于用户从幕布上看到的是透射画面，加上这种投影方式本身会对环境光做处理，因此可以说环境光对画面的影响很小，在投影质量方面优于正投。

吊投需要投影仪吊架，投影仪吊架要用膨胀螺栓与顶面墙壁相连接，使投影仪吊架固定在顶面墙壁上，然后再把投影仪安装到投影仪吊架上面。

侧投是近几年才出现的一种安装方式。有些演示厅没有预留投影仪的位置，只能选择侧投安装，投影仪可以不必安放在与投影仪幕布正对的方向上，只要调整水平梯形校正，就可以使画面恢复正常。

二、投影仪的技术指标

1. 亮度

投影仪的亮度单位是流明，符号为 lm，根据 ANSI（美国国家标准化协会）制定的测量投影仪光通量的方法测定。具体方法是按照 ANSI 规定调试设置好投影仪，然后在屏幕中心选取 9 个面积大小相同的部分，分别测量亮度值，再取其平均值。

2. 分辨率

投影仪分辨率是指投影仪投射图像中的像素数。该指标分为标称分辨率和最大输入分辨率两种。标称分辨率是指投影仪投出的图像的实际分辨率，也称为物理分辨率或实

际分辨率。最大输入分辨率是指投影仪可接收的最大输入分辨率。

3. 对比度

对比度反映的是亮区与暗区的比例。比值越大，从黑到白的渐变层次就越多，色彩表现就越丰富。

4. 均匀度

任何投影仪射出的画面都会有中心区域与四角的亮度不同的现象。均匀度就是反映边缘亮度与中心亮度的比值，均匀度越高，画面的一致性就越好。

5. 灯泡寿命和功率

目前投影仪普遍采用的是金属卤素灯泡、UHP 灯泡、UHE 灯泡。

金属卤素灯泡的优点是价格便宜，缺点是半衰期短，一般使用 1 000 h 左右亮度就会降低到原先的一半左右，并且由于发热量大，对投影仪散热系统要求高，不宜做长时间（4 h 以上）投影使用。

UHP 灯泡的优点是使用寿命长，一般可以正常使用 2 000 h 以上，并且亮度衰减很小，习惯上被称为冷光源。

UHE 灯泡的特点是功耗低，使用寿命较长，也是一种理想的冷光源。

6. 投影镜头

在投影镜头的指标中较为重要的是光圈和焦距。

光圈是一个用来控制光线透过镜头进入机身内到达感光面的光量的装置，它通常是在镜头内。光圈的大小通常用“F/ 数值”来表示，如 F/1.8、F/2.0 等，数值越小，光圈越大，有些厂商则简化表示为“F 数值”，即 F1.8、F2.0 等，其含义一样。对于投影仪来说，该数值越小，光圈越大，光通量越大，投影亮度就越高。

焦距是用数值来表示的，分为短焦、标准和长焦，还有超短焦和超长焦。数值越小，焦距越短；数值越大，焦距越长。焦距决定了打满预定尺寸时投影仪与影幕的距离，焦距越短，投影仪与影幕的距离就越近，反之就越远。

7. 屏幕宽高比

投影屏幕宽高比是指屏幕画面纵向和横向的比例，屏幕宽高比可以用两个整数的比来表示，也可以用一个小数来表示，如 4∶3 或 1.33。计算机、数据信号和普通电视信号的宽高比多为 4∶3（1.33），电影、DVD 和高清晰度电视的宽高比多为 16∶9（1.78）。

三、投影仪灯泡

1. 投影仪灯泡的种类

投影仪灯泡是投影仪的唯一耗材，属于易耗品，具有一定的使用寿命。目前，市面上的投影仪灯泡主要有超高压汞灯泡和金属卤素灯泡两大类，通常见到的 UHE、UHP

等属于超高压汞灯泡。

采用超高压汞填充技术的 UHE 灯泡和 UHP 灯泡具有功耗低、发热量小的特点，通常被称为冷光源灯泡。目前主流产品使用的就是冷光源灯泡，其特点是功耗较低、发热量较小，投影仪温升也相对较低，因此适合投影仪长时间工作。

金属卤素灯不属于冷光源，它产生暖光，需要较大功率才能产生与冷光源灯泡同等的亮度，而且使用寿命较短、亮度衰减较大，发热量大，对投影仪的散热系统要求也比较高，因此，不宜做长时间投影使用。

需要特别注意的是，一般不同投影仪的灯泡是不能通用的，因此在选购时一定要仔细确认投影仪使用的是哪种类型的灯泡。

另外，近年来，投影仪灯泡家族中出现了一枝新秀——氙灯。氙灯由于技术含量较高、价格也比较贵，目前只应用在高端投影仪上。氙灯是一种很有前景的光源，随着技术的进步和成熟，必将被普遍应用到各种投影仪上。

2. 投影仪灯泡的选择

（1）依据投影仪使用环境选择

如果在小型会议室内使用，对亮度要求不高，选择 2 000 lm 左右普通的金属卤素灯泡就能满足需要；如果是在比较明亮的大型会议室使用，投影距离远、投影屏幕比较大，应该选购 3 000 lm 亮度的冷光源类型的 UHE、UHP 灯泡；如果是家庭用户，主要用于观看电视、电影，对清晰度和动态效果要求比较高，则首选高亮度的冷光源灯泡。

（2）依据不同的使用频率选择

如果使用频率不高、使用时间不长，则可选择寿命比较短、价格比较低廉的金属卤素灯泡；对于大中型企业和家庭用户，使用比较频繁、使用时间比较长，则最好选用亮度衰减小、寿命长的 UHE、UHP 冷光源灯泡，这类灯泡不仅可以确保投影仪长时间工作，而且还能提供较高的亮度和对比度，满足用户对大屏幕、远距离的投影需要。

四、投影仪幕布

投影仪幕布是用在电影、办公、家庭影院、大型会议场合显示图像、视频文件的工具。市场上的投影仪幕布品类繁多，选购时可参考以下几方面的因素。

1. 幕布比例

投影仪幕布的比例相当重要，目前 4∶3、16∶9 比例的视频画面最为常见，用户可以根据使用需求选择合适比例的幕布。家庭用户可选择 16∶9 比例，便于观看高清电视。应注意的是，任何比例的信号在幕布上都能正常投影，只是比例与幕布不一致时会在上下或左右边缘留白。

常见投影设备的输入影像格式与幕布比例关系见表 2—1。

表 2—1　　影像格式与幕布比例关系

影像格式	幕布比例（宽：高）	影像格式	幕布比例（宽：高）
VGA 信号	4：3	PAL 制式	4：3
NTSC 制式	4：3	HDTV（高清晰度电视）	16：9

2. 幕布类别

幕布根据其结构不同，可分为挂装式、画框式和支架式。挂装式主要用于学校教学等场所，幕布固定在墙壁上，通常卷在轴内，使用时拉伸出来，其中电动式的还可以通过连接电源来控制幕布的起落。目前家用主要以挂装式为主。画框式是将幕布固定在墙体上，其最大缺陷是一旦安装就不能变更位置，这种幕布适合拥有专用影音室或平时不用收起幕布的场所。支架式可以随意移动，自由度较大。

3. 幕布材质

最常见的幕布材质有白塑（提高可视角度）和玻珠（提高亮度）两种。白塑幕是典型的漫散射屏幕，漫散射屏幕是将投影仪的入射光向各个方向均匀地散射，在每一个角度都能看到同样的图像。玻珠幕是典型的回归型屏幕，由于幕面上的玻璃珠会以投影光的入射方向为中心将光线反射回去，所以在视听位置就可以看到明亮鲜艳的图像。观赏的人数较多或横向观看的场合宜选择白塑幕，家庭客厅等场所应选择玻珠幕。

4. 幕布尺寸

目前，家庭或一般办公场所使用的幕布尺寸多为 80 英寸、120 英寸、150 英寸和 200 英寸。选择多大的尺寸与多个因素有关，首先较为理想的幕布安装高度是让幕布有效画面的中心位置和观看者的眼睛处于同一水平线稍高的位置上。投影仪的焦点距离决定了它和幕布的距离，根据它们之间的距离，以及安装幕布的房间的高低和宽窄，就可以算出应该安装多大尺寸的幕布。因此，在购买投影仪幕布时，还要根据墙壁高度及观看距离来选择合适的产品。

任务二　投影仪的安装

学习目标

1. 了解投影仪的工作环境要求。
2. 了解投影仪的各部件及功能。
3. 能够依据用户手册安装明基 MP722 投影仪。

投影仪的安装相对于其他的办公设备来说是比较复杂的，通常需要专业人员来进行。普通用户仔细阅读用户手册后，也可以进行安装。本任务的主要内容是完成明基MP722投影仪的安装。

一、投影仪安装环境的选择

投影仪工作时，受环境光线的影响较大，室外光线和室内灯光太强会直接使投影效果变差。在布置投影环境时应注意以下几点：

1. 安装窗帘遮挡室外光线。
2. 屏幕上方或近处光源应可单独关闭。
3. 墙壁、地板尽量不使用易反光材料。
4. 局部范围照明可使用聚光灯。
5. 选择与环境搭配的投影幕布。

二、投影仪各部件名称及功能

现以明基MP722投影仪为例介绍投影仪的主要部件。

1. 投影仪正面、上面各部件位置如图2—2所示，其各部件的名称见表2—2。

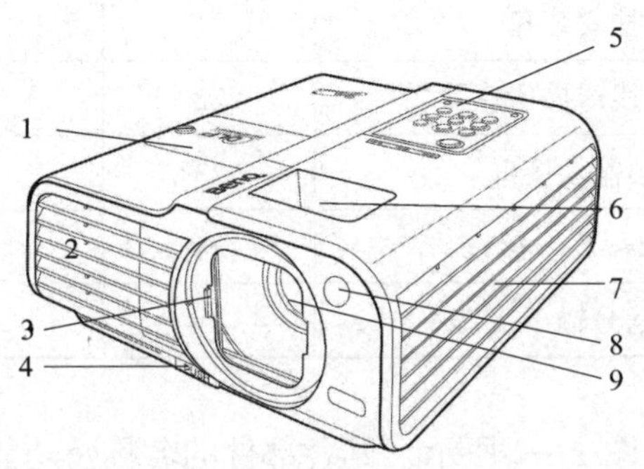

● 图2—2　投影仪正面/上面

表2—2　　投影仪正面/上面各部件的名称

序号	名称	序号	名称
1	灯罩	6	调焦圈和缩放圈
2	通风口（用于排出热空气）	7	通风口（用于吸进冷空气）
3	滑动镜头盖	8	前红外线遥控传感器
4	快速装拆按钮	9	投影镜头
5	外部控制面板		

2. 投影仪背面、底部各部件位置如图 2—3 所示，其各部件的名称见表 2—3。

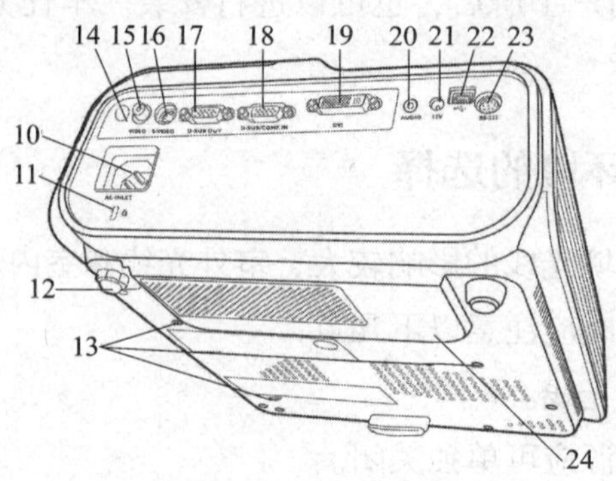

● 图 2—3　投影仪背面 / 底部

表 2—3　**投影仪背面 / 底部各部件的名称**

序号	名称	序号	名称
10	AC 电源线插口	18	RGB（PC）信号输入接口
11	防盗锁插槽	19	DVI 输入接口
12	后调节支脚	20	音频接口
13	悬挂安装孔	21	DC12 V 输出终端
14	后红外线遥控传感器	22	USB 接口
15	视频输入接口	23	RS-232 控制接口
16	S-Video 输入接口	24	扬声器栅
17	RGB 信号输出接口		

3. 投影仪控制面板如图 2—4 所示，其各部件的名称及功能见表 2—4。

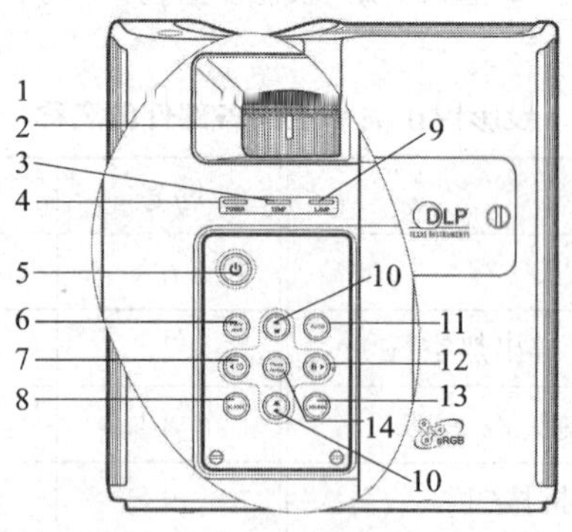

● 图 2—4　投影仪控制面板

表 2—4　　投影仪控制面板各部件的名称及功能

序号	名称	功能
1	调焦圈	调节投影仪的焦距
2	缩放圈	调节投影仪的图像大小
3	TEMP（温度）警告灯	如投影仪温度太高，则指示灯会亮起
4	POWER（电源）指示灯	投影仪操作时，指示灯会亮起或闪烁
5	电源	打开或关闭投影仪
6	MENU/EXIT	打开屏显菜单
7	◀/?	启动 FAQ 功能，方向箭头来选择所需的菜单项并进行调整
8	BLANK	用于隐藏屏幕图像
9	LAMP（灯光）指示灯	当灯亮起或者闪烁时，表示灯光出现故障
10	梯形失真校正 / 箭头键（▽/▲上/△/▼下）	手动校正因投影角度而产生的扭曲图像，方向箭头来选择所需的菜单项并进行调整
11	AUTO	自动将所显示的图像设置为最佳显示状态
12	▶/🔒	面板按键锁定，方向箭头来选择所需的菜单项并进行调整
13	SOURCE	显示信号源选择条
14	MODE/ENTER	选择可用图像设置模式

4. 遥控器可以帮助使用者更加方便地使用投影仪，其面板如图 2—5 所示。

各按键的名称和功能如下：

①⏻：电源键，打开或关闭投影仪。

②ASPECT：选择显示宽高比。

③CAPTURE：捕获投影图像并将其保存为启动画面。

④▽/▲、△/▼：用于梯形失真校正，即手动校正因投影角度而产生的扭曲图像或进行菜单选择。

⑤MENU/EXIT：打开屏显（OSD）菜单；返回到之前的屏显菜单，退出并保存菜单设置。

⑥◀/?：用于菜单选择和启用 FAQ 功能。

⑦BLANK：用于隐藏屏幕图像。

⑧ENTER：进入所选的屏显（OSD）菜单项。

⑨TIMER ON/SHOW：根据计时器设置激活或显示屏显计时器。

⑩BRIGHTNESS：调节亮度。

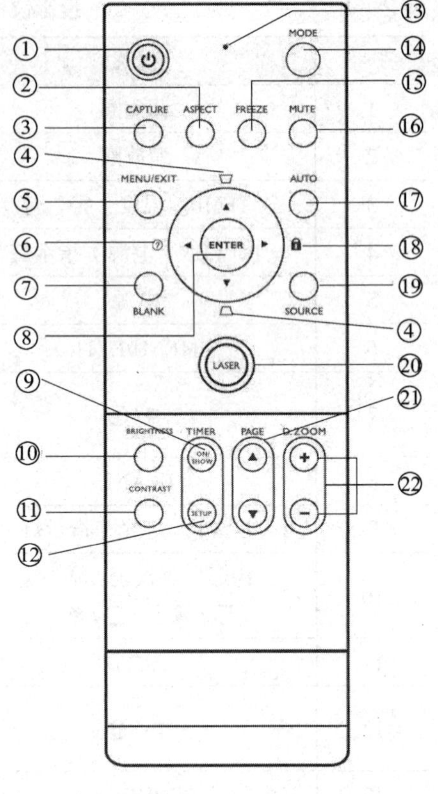

● 图 2—5　遥控器

⑪CONTRAST：调整对比度。

⑫TIMER SETUP：直接输入演示计时器设置。

⑬指示灯：按下遥控器上的任意键时，指示灯会闪烁或亮红灯。

⑭MODE：根据所选输入信号，选择可用图像模式。

⑮FREEZE：冻结投影图像。

⑯MUTE：在投影仪音频接通和关闭之间进行切换。

⑰AUTO：自动将所显示的图像设置为最佳显示状态。

⑱►/🔒：锁定投影仪上的按键。

⑲SOURCE：显示信号源选取列表。

⑳LASER：会发出可见激光定位器光以供演示时使用。

㉑PAGE ▲/▼：操作相连接计算机上的显示软件程序，相当于使用计算机键盘的 PageUp 和 PageDown 键（如 Microsoft PowerPoint）。

㉒D.ZOOM+/−：放大或缩小投影图像。

实践操作

投影仪的安装应根据不同的环境需要采用不同的安装方式。

一、投影仪的安装方式

选择一种合适的安装方式，对投影仪来说是非常重要的。安装投影仪时，主要考虑幕布的大小和位置、电源插座的位置，以及投影仪和其他设备之间的位置和距离等因素。

1. 桌上正投

将投影仪放在幕布正前方的桌上，是放置投影仪最常用的方式，其特点是安装快速并具有移动性，如图 2—6 所示。

2. 吊装正投

采用此方式时，投影仪倒挂于幕布正前方的天花板上，如图 2—7 所示。要进行此种方式安装，需要向经销商购买投影仪天花板悬挂安装套件。

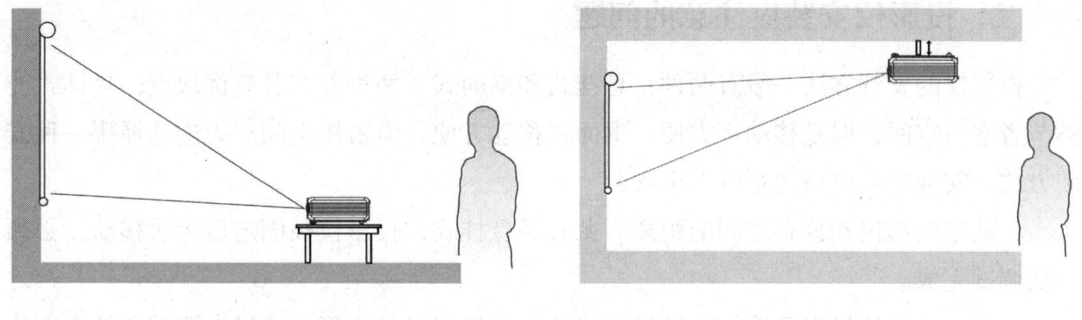

● 图 2—6　桌上正投　　● 图 2—7　吊装正投

3. 桌上背投

采用此方式时，投影仪位于幕布的正后方，如图 2—8 所示。应注意，这时需要一个专用的投影幕布，并且需要在打开投影仪后，在系统设置的“基本 > 投影仪位置”菜单中设置为桌上背投。

4. 吊装背投

采用此方式时，投影仪倒挂于幕布正后方的天花板上，如图 2—9 所示。应注意，此安装位置需要一个专用的投影幕布和投影仪天花板悬挂安装套件。同时，也需要进行设置，即在打开投影仪后，在系统设置中设置吊装背投。

一般的投影仪都具有将画面倒置的功能，通过这种功能就可以将投影仪吊装在天花板顶部使用。在吊装的过程中，需注意以下几点：

（1）计算投影仪与幕布之间的距离，不要太远也不能太近，要根据幕布大小来确定。

（2）投影仪镜头应该保持与悬挂幕布的上边沿在同一水平线上。

（3）投影仪镜头中心点与投影仪幕布中心点在同一垂直线上。

（4）根据投影仪的大小选择尺寸合适的安装吊架。

（5）将固定用的螺钉、螺栓拧紧到位。

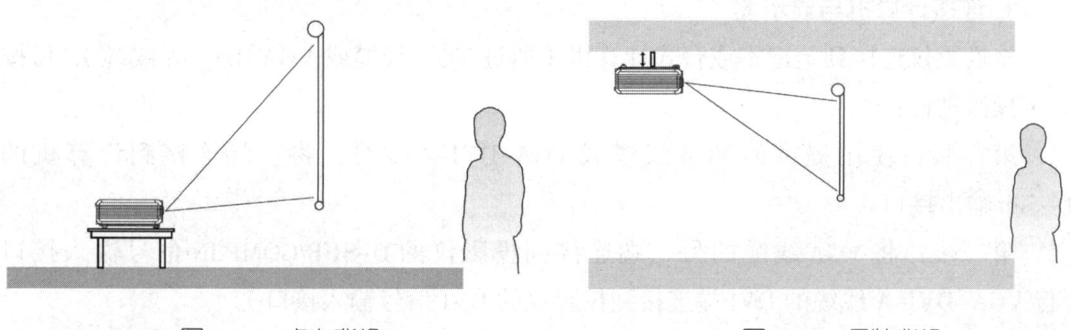

● 图 2—8　桌上背投　　● 图 2—9　吊装背投

（6）调整安装后投影画面的梯形。

二、投影仪安装应注意的问题

投影仪的安装方法一般有两种：悬挂式和桌面式。两种方式各有优缺点，悬挂式能够节省室内空间，但是移动不方便；桌面式移动方便，但占用空间。无论选择哪一种安装方式，安装时都应该注意以下事项：

1. 确定投影仪和幕布之间的距离。尤其是悬挂式，投影仪被固定后无法移动，必须一次调试完成。

2. 布置最佳的投影环境。放置投影仪的房间最好是长方形，这样在调试音效方面能起到独特的作用。在房间中可安装窗帘以便挡住室外光线，同时房间的墙壁和地板也尽量不使用反光材料。

三、固定投影仪

1. 安装方式确定后，根据投影仪的说明书，确定安装距离。投影仪的说明书中一般会有所投尺寸与距离的对应表。一般吊装投影仪距离信号源 15 m 以上时，信号电缆必须延长。但是延长电缆可能会造成输入投影仪的信号发生衰减，这时可以在信号源后加装一个信号放大器。

2. 投影仪的布线一定要保证线材的可靠性。因为投影仪是大画面高清晰显示设备，信号有一点干扰或衰减都会严重影响显示质量，所以要选择屏蔽性好的线材，将供电线和信号线穿在不同的管中，尽量不平行走线，要保持 60 cm 以上的间距。

四、投影仪与数据源的连接

要想获得良好的展示效果，就必须正确连接投影仪与计算机等设备。当连接信号源至投影仪时，须为每个信号源使用正确的信号线缆，并在连接前关闭所有设备，同时确保线缆牢固插入。

1. 连接计算机与显示器

将投影仪连接到笔记本或台式计算机（通过 VGA 线缆或 VGA-DVI-A 线缆），可按如下操作进行：

第一步：使用提供的 VGA 线缆或 VGA-DVI-A 线缆，将一端连接到计算机的 D-Sub 输出接口。

第二步：将 VGA 线缆的另一端连接到投影仪的 D-SUB/COMP.IN 信号输入接口（将 VGA-DVI-A 线缆的 DVI 端连接到投影仪的 DVI 信号输入接口）。

第三步：如果使用遥控器控制页面设置，则将 USB 线缆较粗的一端连接到计算机的 USB 端口，将较细的一端连接到投影仪的 USB 接口。

第四步：如果要在演示过程中使用投影仪的扬声器（混合单声道），应将合适的音频线一端连接到计算机的音频输出接口，另一端连接到投影仪的 AUDIO 接口。连接完成后，可用投影仪的屏显（OSD）菜单来控制音频。

最终的连接路径应如图 2—10 所示。

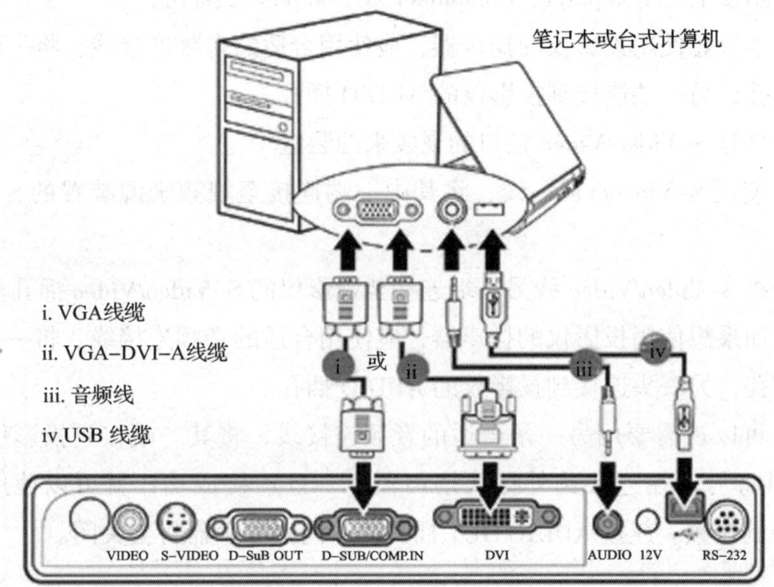

● 图 2—10 连接到计算机

许多笔记本计算机在连接到投影仪时并未打开其外接视频端口。通常，按组合键 Fn+F3 或 CRT/LCD 键可接通 / 关闭外接显示器。

2. 连接视频信号来源装置

投影仪通常都具有多种接口，除 VGA 接口外，还可连接其他不同接口的视频信号来源装置，见表 2—5。

表 2—5 不同视频信号来源装置的接口及其效果

接口名称	接口外观	连接对象	图像品质
HDMI		连接具有 HDMI 接口的装置视频来源	最佳
Component Video		连接具有分量接口的视频来源装置	较佳
S-Video		连接具有 S-Video/Video 接口的视频来源装置	良好
Video			一般

（1）连接具有分量接口的视频信号来源装置

第一步：利用 Component Video 与 VGA（D-Sub）转换线将 3 个 RCA 型连接头连接到来源装置上的 Component Video 输出插孔。根据插头的颜色将其连接至对应的插孔上，即绿色对绿色、蓝色对蓝色、红色对红色。

第二步：将 Component Video 与 VGA（D-Sub）转换线（具有 D-Sub 型接头）的另一端连接到投影仪上的 Computer、Computer1 或 Computer2 插孔。

第三步：如果想使用投影仪的扬声器，应使用合适的音频连接线，将一端接至装置的音频输出插孔，另一端连接到投影仪的 AUDIO 插孔。

（2）连接具有 S-Video/Video 接口的视频来源装置

第一步：使用 S-Video/Video 线，将其中一端连接至视频来源装置的 S-Video 输出插孔。

第二步：将 S-Video/Video 线另一端连接至投影仪的 S-Video/Video 插孔。

第三步：如果想使用投影仪的扬声器，应使用合适的音频连接线，将一头接至装置的音频输出插孔，另一头连接到投影仪的 AUDIO 插孔。

第四步：可以视需要用另一条合适的音频连接线，将其一端接到投影仪的 AUDIO OUT 插孔，再将另一端连接到外接式扬声器。一旦连接成功，就可以使用投影仪的 OSD 菜单来控制音频。连接 AUDIO OUT 插孔时，内置扬声器将会关闭。

任务三　投影仪的使用

学习目标

1. 了解投影仪菜单的基本操作。
2. 能够正确启动、使用、调试投影仪。

投影仪安装完成以后，可以通过不同的接口与计算机、影碟机、游戏机、数码摄像机等相连接，播放相应的视频信号。本任务的内容是完成投影仪的设置和使用。

投影仪的操作非常简单，与计算机进行正确连接后，通过遥控器即可对投影仪进行控制。

一、OSD 菜单介绍

明基 MP722 投影仪配备有 OSD 菜单，OSD 是 On-Screen Display 的缩写，即屏幕菜单式调节方式。

按 Menu 键后，屏幕弹出的是投影仪各项调节项目信息的矩形菜单，可通过该菜单对投影仪各项工作指标，包括色彩、模式、几何形状等进行调整，从而达到最佳的使用状态，如图 2—11 所示。

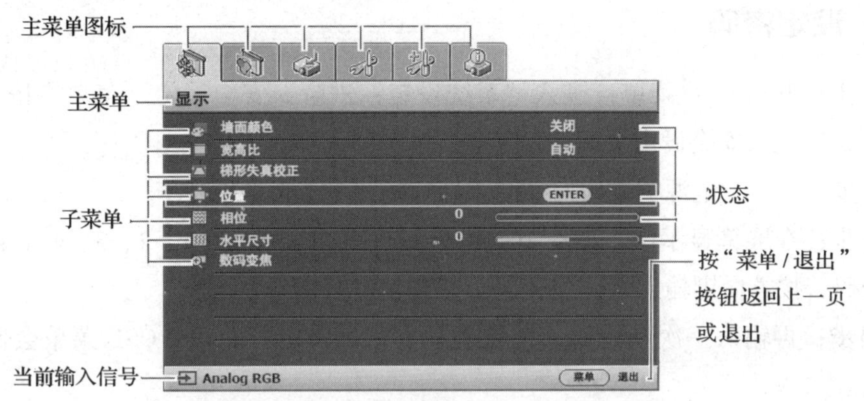

● 图 2—11 明基 MP722 投影仪的 OSD 菜单

OSD 菜单的各项功能可通过使用手册查询。

二、OSD 菜单语言设定

1. 按投影仪或遥控器上的"MENU/EXIT"键打开屏显菜单。

2. 用"◀/▶"选择系统设置的"基本"菜单，如图 2—12 所示。

3. 按"▼"选择"语言"，再按"◀/▶"选择首选语言。

4. 按投影仪或遥控器上的"MENU/EXIT"键两次，第一次按将返回主菜单，第二次按可关闭屏显菜单，同时保存设置。

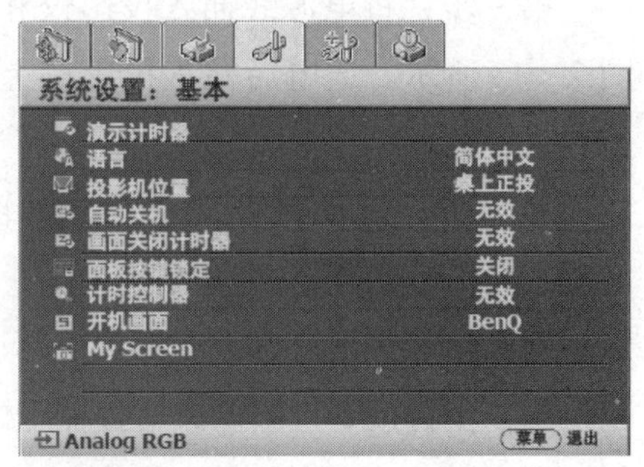

● 图 2—12 系统设置的"基本"菜单

三、切换输入信号

投影仪可以同时连接多个视频设备，然而一次只能显示一种视频信号。在启动投影仪时，它会自动搜寻可用的信号。

如果需要投影仪自动搜寻信号，应将来源菜单的快速自动搜寻功能设为开启（开启为投影仪的默认值）。手动循环切换可用输入信号的方法如下：

第一步：按投影仪或遥控器上的"SOURCE"键，显示来源选取列表。

第二步：按“◀/▶”键，选取所需要的信号，然后按“MODE/ENTER”键。侦测到信号后，所选取的来源信息会在屏幕角落显示几秒钟的时间。

如果有多台设备同时连接到投影仪，可以重复以上步骤以搜寻另一个信号。

四、设定密码

第一步：开启 OSD 菜单，进入“系统设定：进阶 > 安全设定”菜单；按“MODE/ENTER”键，进入安全设定页面。

第二步：选择“电源键锁定”，并按“◀/▶”键选取“开启”。

第三步：在屏幕显示中，四个方向键分别代表四个数字（1、2、3、4）。依据想要设定的密码，按方向键输入六位数密码。

第四步：再输入一次新密码，以便确认。密码设定好之后，OSD 菜单会回到安全设定页面。

实践操作

一、启动投影仪

第一步：将电源线插入投影仪和电源插座，如图 2—13 所示。通电后检查投影仪上的电源指示灯是否为橙色。

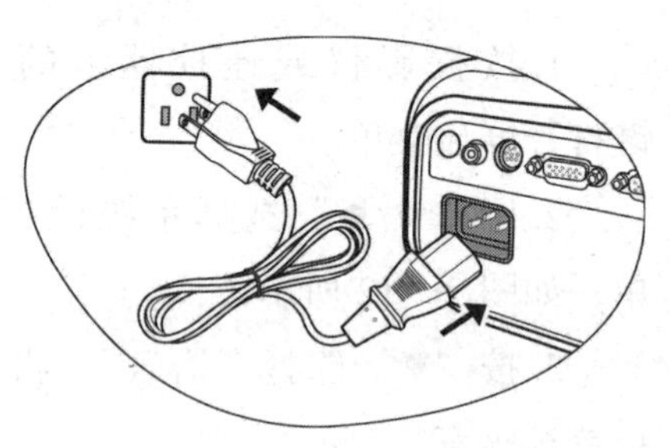

● 图 2—13　连接电源

第二步：滑动打开镜头盖，如图 2—14 所示。如果设备开启后镜头盖仍保持关闭，可能会因为投影灯泡产生的热量而导致变形。

第三步：按下投影仪或遥控器上的电源按钮⏻，打开投影仪，如图 2—15 所示。灯泡点亮后，将听到开机声。当电源打开时，电源指示灯会先闪绿灯，然后保持绿色。启动阶段约需 30 s。在启动的后期阶段，将显示启动标志。

如有必要，旋转调焦圈调整图像清晰度。如要关闭铃声，可在 OSD 菜单中关闭开 / 关提示音。

如果投影仪因之前的操作而未完全散热的话，投影仪将在点亮灯泡前运转冷却风扇约 90 s。

第四步：如果设备设置了密码，根据提示，按下箭头按钮输入六位数密码。

第五步：接通所有连接的设备。

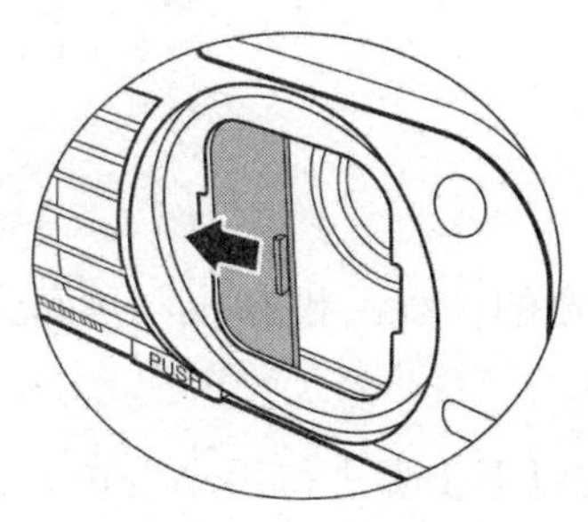

● 图 2—14 打开镜头盖

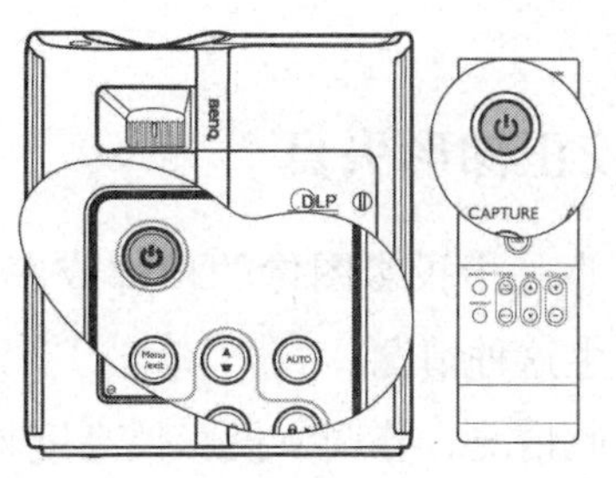

● 图 2—15 启动投影仪

第六步：投影仪开始搜索输入信号。在屏幕的左上角显示当前扫描的输入信号源信息。如果投影仪未检测到有效信号，屏幕上将一直显示“无信号”信息，直至检测到信号为止。也可按投影仪或遥控器上的“SOURCE”键手动选择所需的输入信号。

二、手动调整影像

明基 MP722 投影仪配备有一个快速装拆调节支脚和一个后调节支脚。这些调节支脚可以调节图像的高度和投影角度，如图 2—16 所示。

1. 按快速装拆按钮并将投影仪的前部抬高。图像调整好之后，释放快速装拆按钮将支脚锁定到位。

2. 旋转后调节支脚，以微调水平角度。

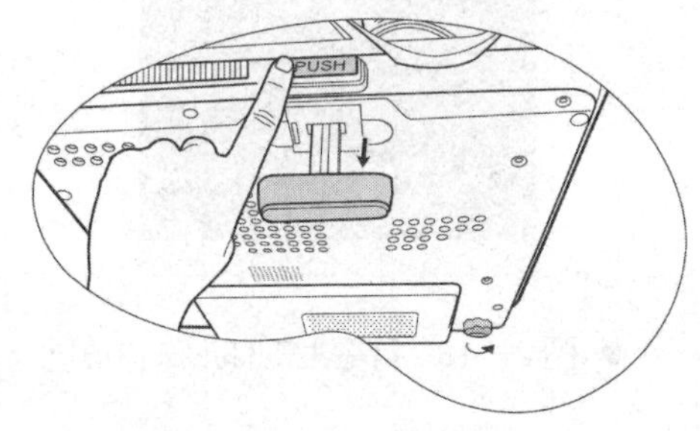

● 图 2—16 调整投影投射角度

要收回支脚，则抬起投影仪并按下快速装拆按钮，然后慢慢向下压投影仪；接着按反方向旋转后调节支脚。

如果投影仪放置于不平坦的物体表面或屏幕与投影仪之间未处于垂直方向，则会导致投影图像变成梯形。

注意：切勿在灯泡亮起时注视镜头，灯泡的强光可能会损伤眼睛；调节支脚离热空气的排风口较近，操作调节支脚时应注意避开排风口。

三、自动调整影像

在某些情况下，可能需要优化图像质量。要达到此目的，按投影仪或遥控器上的“AUTO”键，如图 2—17 所示。在 3 s 内，内置的“智能自动调整”功能将重新调整频率和脉冲值以提供最佳图像质量。当前信号源信息将在屏幕角上显示 3 s。执行 AUTO 功能时，屏幕会变

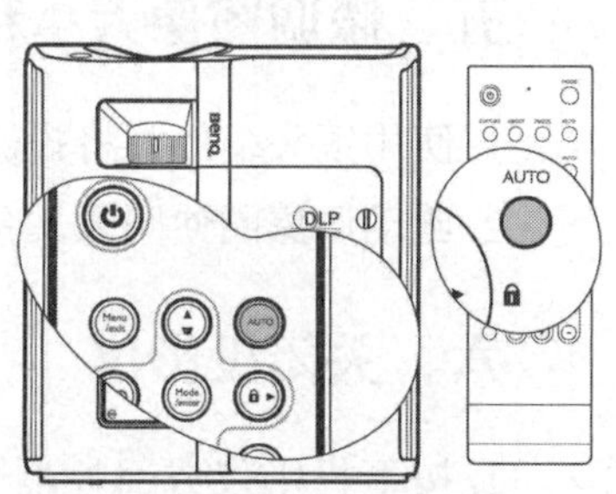

● 图 2—17 自动调整影像

成黑屏。

四、校正梯形失真

梯形失真是指投影图像的顶部或底部明显偏宽的情况。投影仪与屏幕之间不垂直时，就会发生这种情况。

要校正此情况，除调节投影仪高度外，还需按以下步骤进行手动校正。

按投影仪或遥控器上的“MENU/EXIT”键，选择“显示 > 梯形失真校正”，进入梯形失真校正画面（见图 2—18），然后按投影仪或遥控器上的“▽”或“△”键（见图 2—19）来调整值。按“▽”键校正图像顶部的梯形失真，按“△”键校正图像底部的梯形失真，如图 2—20 所示。

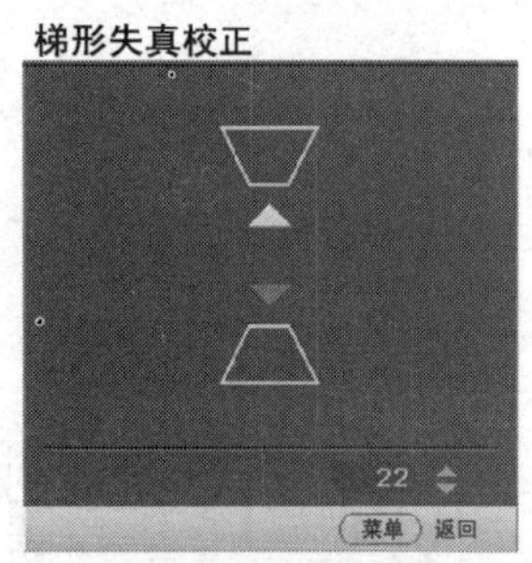

● 图 2—18　屏幕上的梯形失真画面

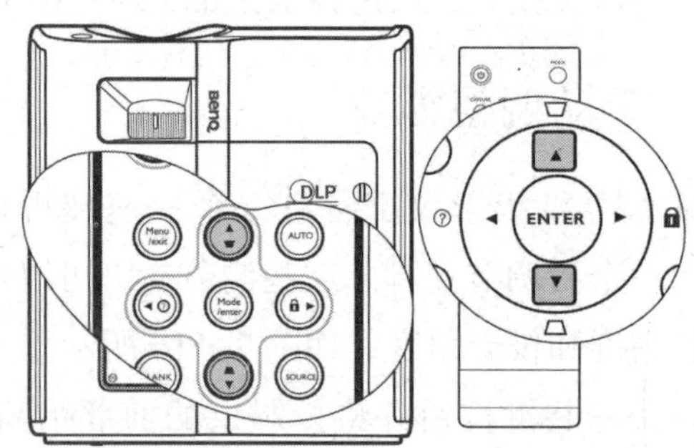

● 图 2—19　投影仪和遥控器面板

● 图 2—20　调整的结果

五、微调图像大小和清晰度

1. 使用镜头缩放圈将投影图像调节为需要的大小，如图 2—21 所示。

2. 旋动调焦圈使图像聚焦，如图 2—22 所示。

六、关闭投影仪

1. 按下投影仪或遥控器上电源键⏻，屏幕上将显示确认提示信息。如果未在数秒钟内响应，该信息会消失。

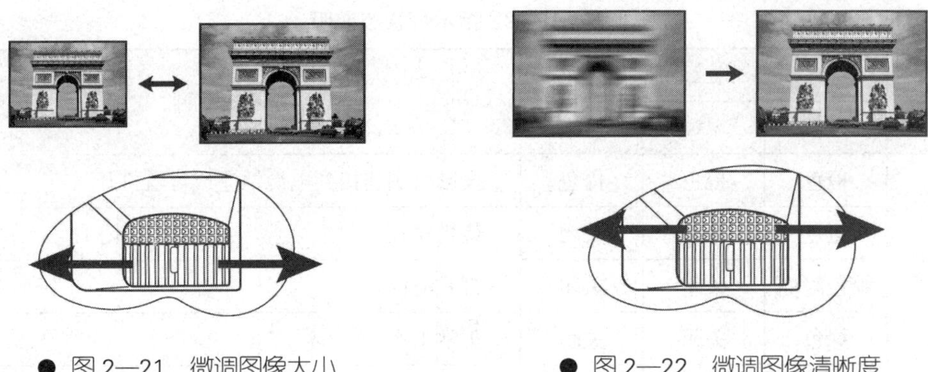

● 图 2—21 微调图像大小 ● 图 2—22 微调图像清晰度

2. 再按一次电源键⏻。电源指示灯闪橙色，然后灯泡熄灭，风扇则会继续运转大约 90 s 以冷却投影仪。为保护灯泡，在冷却的过程中，投影仪不会响应任何命令。

3. 降温过程结束后，将听到关机声。电源指示灯保持为稳定的橙色，风扇停止运转。

如果投影仪未正确关闭，为了保护灯泡，重启投影仪时，风扇将运行 90 s 以进行冷却。风扇停止转动且电源指示灯变为橙色后，再次按下电源键将重新启动投影仪。

任务四 投影仪的维护与保养

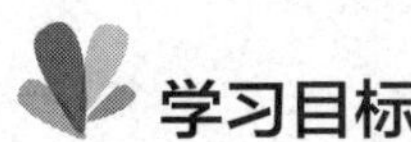

学习目标

1. 能够根据系统错误提示信息处理投影仪使用过程中的常见问题。
2. 能够完成灯泡的更换。
3. 了解投影仪及幕布维护保存的基本知识。
4. 能够完成投影仪的清洁等维护工作。

投影仪是一种高精密的电子产品，使用不当或没有得到良好的保养就会对投影仪造成灾难性的损害。做好投影仪的日常维护与保养工作非常重要，有利于延长设备寿命，降低应用和操作带来的损耗。本任务的内容是完成投影仪的维护保养工作。

一、明基 MP722 投影仪指示灯

明基 MP722 投影仪指示灯包括电源指示灯、温度指示灯、灯泡指示灯，其不同颜色及闪烁的状态说明见表 2—6。

表 2—6　　明基 MP722 指示灯状态说明

事件	指示灯			状态说明
	电源	温度	灯泡	
电源事件	橙色	橙色	橙色	投影仪刚连接到电源插座或灯盖打开
	橙色	关闭	关闭	待机模式
	绿色闪烁	关闭	关闭	打开电源
	绿色	关闭	关闭	正常工作
	橙色闪烁	关闭	关闭	由于投影仪非正常关闭而无正常的冷却过程，因此需要 90 s 时间进行冷却；或者电源关闭后，投影仪需要 90 s 时间进行冷却；或者投影仪已自动关闭
灯泡事件	橙色闪烁	关闭	红色	投影仪已自动关闭
	关闭	关闭	红色	投影仪需要 90 s 时间进行冷却或其他原因
热事件	关闭	红色	关闭	投影仪已自动关闭。如果尝试重新启动投影仪，它将再次关闭。此时应与售后服务联系以获取帮助
	关闭	红色	红色	
	关闭	红色	绿色	
	关闭	红色	橙色	
	红色	红色	红色	
	红色	红色	绿色	
	红色	红色	橙色	
	绿色	红色	红色	
	绿色	红色	绿色	
	绿色	红色	橙色	
	橙色	红色	红色	
	橙色	红色	绿色	
	橙色	红色	橙色	
	关闭	绿色	红色	
	关闭	绿色	绿色	

二、明基 MP722 投影仪的常见故障及解决措施

投影仪在使用过程中，可能会出现各种各样的故障。如果不是机器硬件出现问题，出现的故障一般是很好解决的，投影仪常见故障及解决措施见表 2—7。

表 2—7　　投影仪常见故障及解决措施

故障现象	故障原因	解决措施
投影仪无法打开	电源线未通电	将电源线插入投影仪上的交流电插口，将另一端插入电源插座。如果电源插座有开关，确保开关已开启
	试图在冷却过程中再次打开投影仪	等待，直至冷却过程结束
不显示图像	视频源设备并未开启或连接不正确	开启视频源设备，检查信号线是否正确连接
	投影仪未正确连接到输入信号装置	检查接口
	未正确选择输入信号	使用投影仪或遥控器上的 SOURCE 键，选择正确的输入信号
	镜头盖没有打开	打开镜头盖
影像模糊	投影镜头没有正确对焦	使用对焦圈调整镜头的焦点
	投影仪与屏幕没有正确对齐	调整投影角度与方向，并于必要时调整投影仪高度
遥控器无法使用	电池电量不足	更换新电池
	遥控器和投影仪之间有障碍物	移除障碍物
	与投影仪距离太远	遥控器与投影仪之间的距离应在 8 m 之内
密码错误	忘记密码	进入密码恢复程序

三、灯泡信息

1. 计算灯泡使用时间

当投影仪工作时，将由内置的计时器自动计算灯泡使用的持续时间（以小时为单位）。获取灯泡使用时间信息的方法如下：

（1）按“MENU/EXIT”键，然后按“◀/▶”键选择“高级菜单”系统设置。

（2）按“▼”键选择灯泡设置，然后按“MODE/ENTER”键，进入灯泡设置页面。

（3）页面中将显示等效灯泡使用时间信息。

（4）要退出菜单，按“MENU/EXIT”键。

也可从信息菜单中查看灯泡使用时间。

2. 延长灯泡使用寿命

投影仪灯泡属于易耗品，正常情况下可用 3 000 ~ 4 000 h。想要尽量延长灯泡的使用寿命，可在屏显菜单中进行下列设置。

（1）设置灯泡模式为节能

将投影仪灯泡设置为节能模式可延长灯泡使用寿命。使用节能模式可将系统噪声和功耗降低 20%。如果选择节能模式，灯光强度会降低，投影图像会变暗。在节能模式下使用投影仪能够延长 1/3 的灯泡寿命。

要设置节能模式，进入系统设置“高级 > 灯泡设置 > 灯泡模式”菜单，按“◀/▶”键进行选择。

（2）设置自动关机

此功能能让投影仪在设定时间后没有检测到任何输入信号源时自动关机，避免在不需要的情况下使用灯泡。

要设置自动关机，进入系统设置“基本 > 自动关机”菜单，按“◀/▶”键进行选择。时间长度设置范围为 5 ~ 30 min。如果预设时间长度不适应于演示，则选择“无效”，投影仪在一定时间过后不会自动关闭。

3. 更换灯泡的时间

当灯泡指示灯变红或显示需更换灯泡的信息时，应安装新灯泡。继续使用旧灯泡可能会引起投影仪的工作不正常，在某些情况下，灯泡可能会爆裂。

如果灯泡过热，灯泡指示灯和温度警告灯将亮起，此时应关闭电源并让投影仪冷却 45 min。如果重新打开电源，灯泡指示灯或温度警告灯仍亮起，应咨询经销商。表 2—8 显示了主要的灯泡警告信息。

表 2—8　　　　灯泡警告信息

状态	信息
灯泡已工作了 3 000 h，应安装新灯泡以获得理想性能。如果投影仪以预设所选的节能模式正常运行，可继续操作投影仪，直至出现 3 950 h 灯泡警告	注意 请订购替换灯泡 灯泡使用时间大于 3000 小时 确定
灯泡已工作了 3 950 h，应安装新灯泡以免投影仪运行超过灯泡额定使用时间后造成不便	注意 请尽快更换灯泡 灯泡使用时间大于 3950 小时 确定

续表

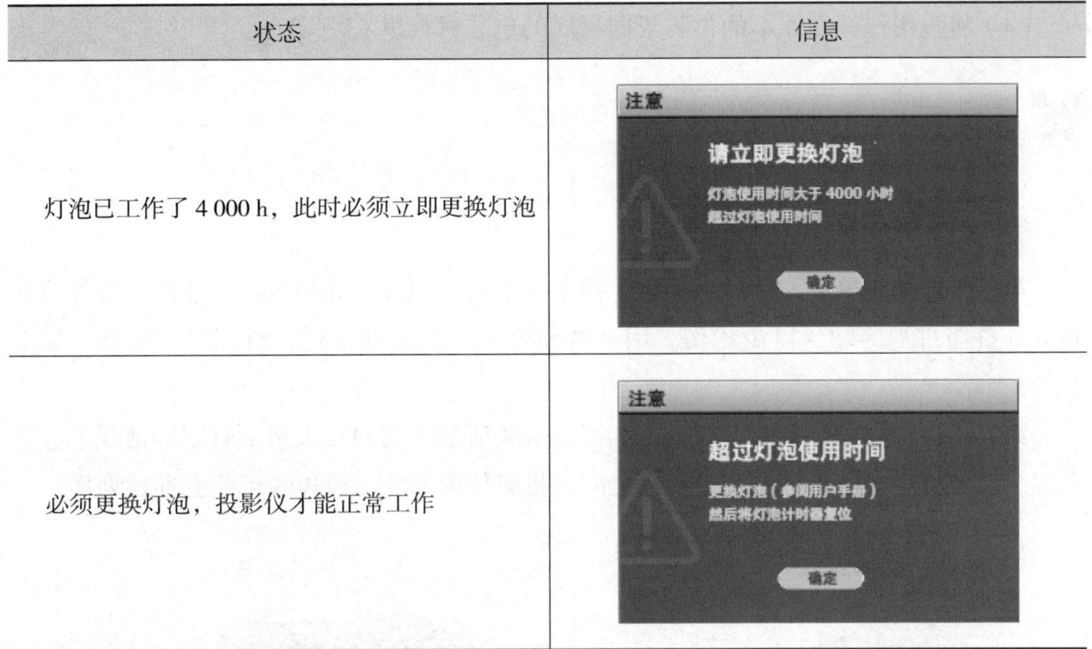

状态	信息
灯泡已工作了 4 000 h，此时必须立即更换灯泡	注意 请立即更换灯泡 灯泡使用时间大于 4000 小时 超过灯泡使用时间 确定
必须更换灯泡，投影仪才能正常工作	注意 超过灯泡使用时间 更换灯泡（参阅用户手册） 然后将灯泡计时器复位 确定

四、投影幕布的维护与投影仪的保存

1. 投影幕布的维护

按照投影幕布的类型和所采用的材质不同，其维护方法也不相同。

（1）大多数的白塑幕布和玻珠幕布都具有耐霉、耐火烧和可清洁等特性，但要注意防止灰尘过多及过度受潮，白塑最好的清洁方法是用软毛刷轻轻地打扫，经常用水洗会导致幕布的效能下降。

（2）对于玻珠幕布，由于其表面通常都会有一些螺纹或竖纹结构，最好不要用清水清洗，尽量以柔软的布或鸡毛扫帚顺着纹路走向从上至下擦拭清洁，不可用力过大，以免损伤其纹路，必要时可用湿布拧干轻擦表面，并及时晾干。

（3）无论是手动幕布还是电动幕布，当不需要使用时都应把幕布卷回保护盒内。每次使用完毕后，应检查幕布表面是否沾有灰尘或污垢，若发现有，应该先用软布擦干净，再把幕布卷进保护盒内。幕布可经常使用，但每次连续上下滚动使用时间不能超过 5 min，否则会导致电动机发热，须等到电动机冷却后再用。幕布的电动机无须添加润滑剂。

2. 投影仪的保存

若要长时间保存投影仪，请遵照下列程序：

（1）确定收存场所的温度与湿度在投影仪建议的范围之内。

（2）收回调整脚座。

（3）取出遥控器的电池。

（4）将投影仪放在原本的包装或同材质的包装材料里。

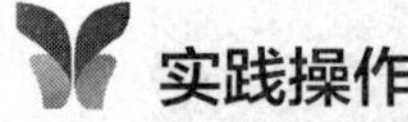

实践操作

一、更换灯泡

第一步：关闭电源，然后从插座上拔下投影仪电源线。如果灯泡是热的，应等待约 45 min 直至灯泡冷却，以免灼伤。用一枚硬币逆时针转动螺钉，直到灯罩松开，如图 2—23 所示。

第二步：从投影仪上取下灯罩，如图 2—24 所示。切勿在未装上灯罩的情况下打开电源。切勿将手指插入灯泡和投影仪之间，投影仪内部的尖锐边缘可能会导致划伤。

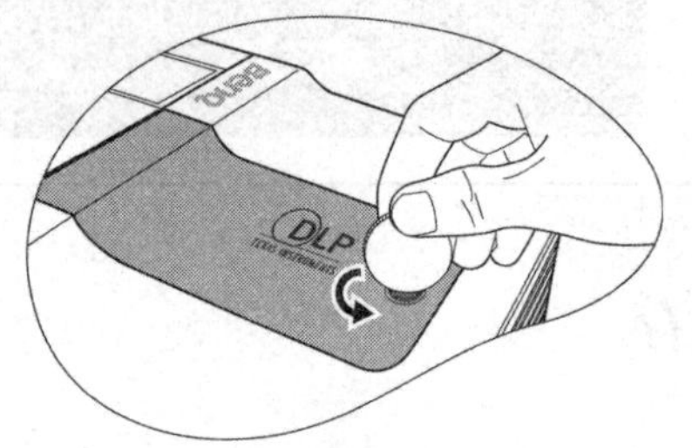

● 图 2—23　松开灯罩

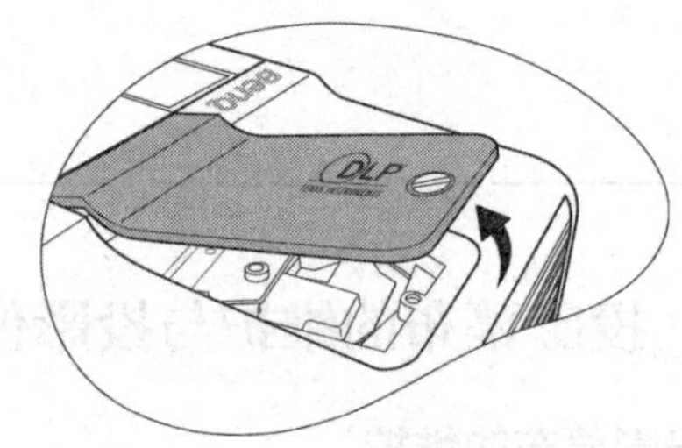

● 图 2—24　拿下灯罩

第三步：松开紧固灯泡的螺钉，如图 2—25 所示。

第四步：拉起把手，如图 2—26 所示，使用把手慢慢地将灯泡拉出投影仪，如图 2—27 所示。但要注意，太快拔出灯泡可能会使灯泡破裂，并且破碎的玻璃会掉进投影仪内。切勿将灯泡放置在可能会溅到水、小孩可以触摸到或接近易燃材料的位置。取下灯泡后，切勿将手伸入投影仪中。如果触摸到内部的光学组件，可能会导致投影的图像颜色不均匀或失真。

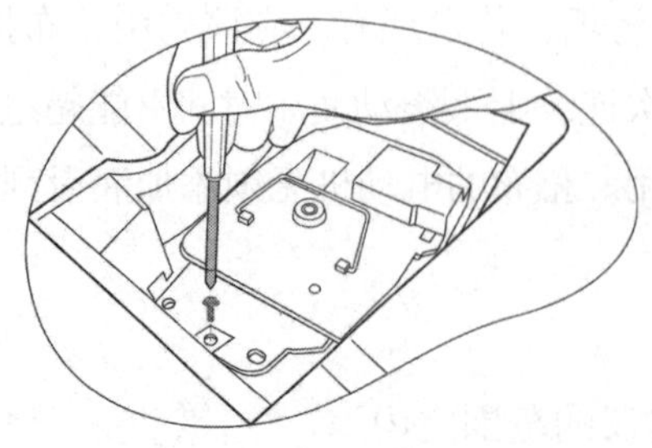

● 图 2—25　松开螺钉

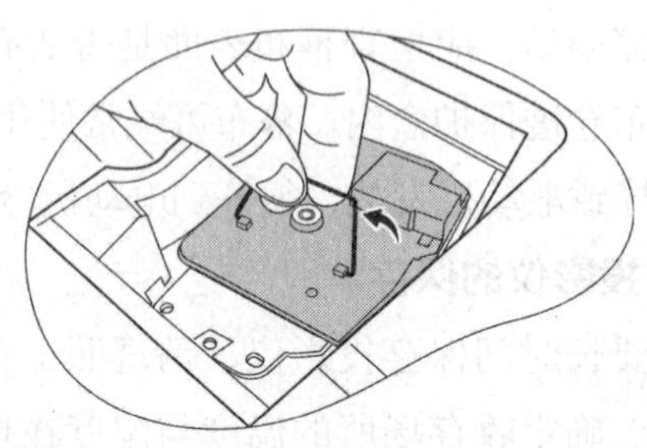

● 图 2—26　拉起把手

第五步：将新灯泡向下放入投影仪上的接头中，然后将投影仪上的两个孔对齐，如图 2—28 所示。

第六步：将固定灯泡的螺钉拧紧，如图 2—29 所示。松动的螺钉可能导致接触不良，使投影仪工作不正常。切勿将螺钉拧得过紧。确认把手完全放平并锁紧到位。

第七步：将灯罩放回到投影仪上。用一枚硬币顺时针转动螺钉，直到灯罩拧紧。切勿在未装上灯泡罩的情况下打开电源。

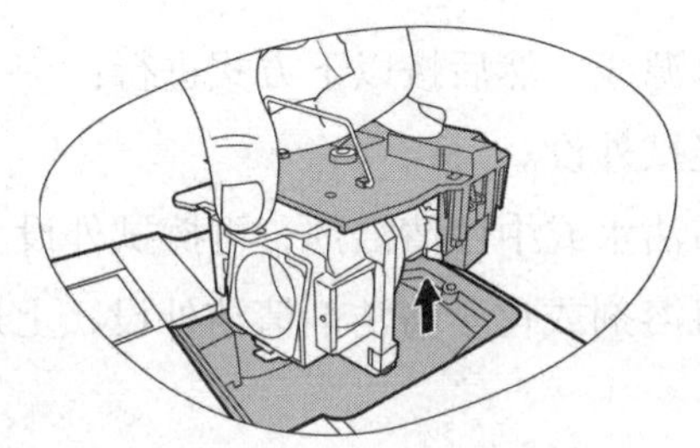

● 图 2—27　拉出旧灯泡

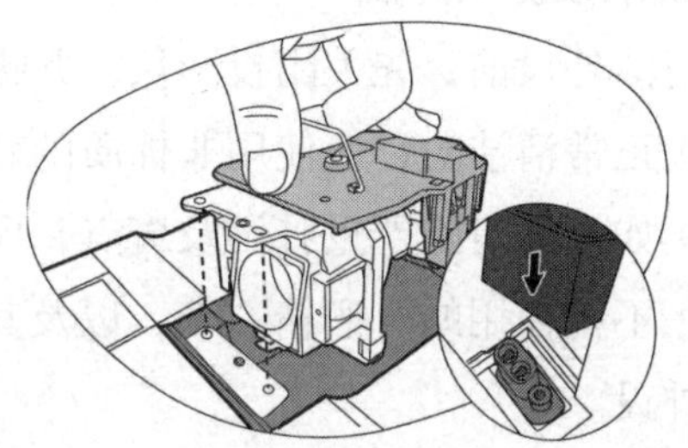

● 图 2—28　放入新灯泡

第八步：重启投影仪，复位灯泡的计时器。打开屏显（OSD）菜单，进入系统设置“高级 > 灯泡设置”菜单；选择复位灯泡计时器，将显示一则警告信息，询问是否要复位灯泡计时器，如图 2—30 所示；选择“复位”，并按下投影仪上的“MODE/ENTER”键或遥控器上的“ENTER”键，灯泡使用时间将归零。

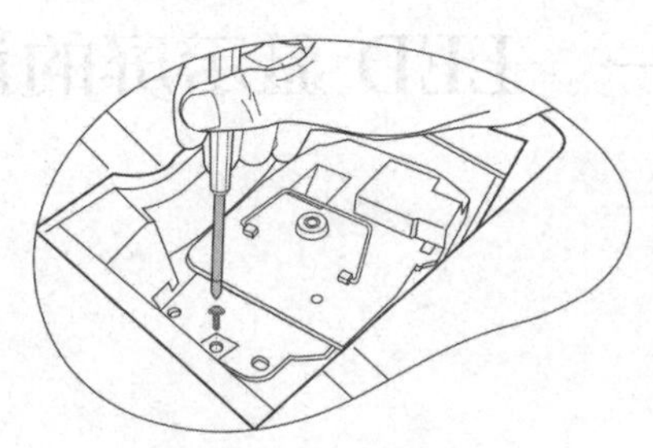

● 图 2—29　拧紧灯泡螺钉

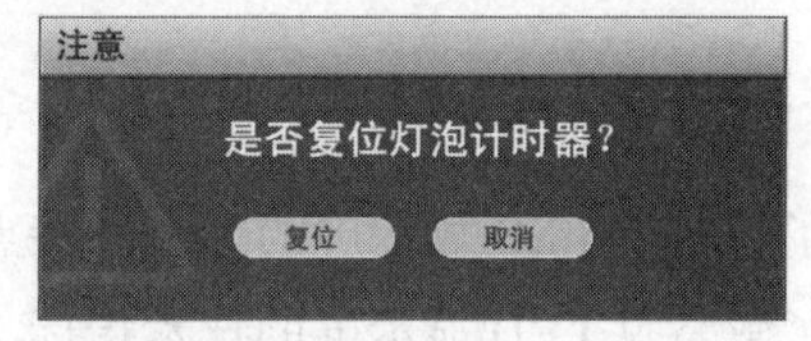

● 图 2—30　“是否复位灯泡计时器”对话框

如果未更换新灯泡，切勿复位，否则可能会损坏投影仪。

如果要更换倒吊在天花板上的投影仪灯泡，应确保灯泡插孔下方没有人，以免万一灯泡破裂时造成伤害。

二、投影仪的清洁

投影仪在正常使用一段时间之后，就要进行清洁，同时在保存过程中也要注意清洁。

1. 清洁镜头

发现表面有灰尘或脏污时，应立刻清洁镜头，可以按以下方式进行：

（1）使用罐装的压缩空气清除灰尘。

（2）如有尘土或脏污，使用镜片专用清洁纸或沾有清洁剂的布来轻拭镜头。

（3）不得使用研磨垫、碱性或酸性清洁剂、擦洗粉，以及含有酒精、苯等挥发物质的溶剂清洁镜头。

2. 清洁投影仪外设

在清洁外设前，先关闭投影仪，并拔掉其电源线，然后按以下方式进行：

（1）正常清洁时，应使用非棉质的软布，轻拭外设。

（2）如果要清除严重脏污及斑点，应将软布沾水或中性清洁剂，再擦拭外设。

（3）不得使用蜡、酒精、苯，以及其他有机溶剂或化学清洁剂清洁外设，上述物质会损伤外设。

3. 光路除尘

光路除尘一定要由专业人员进行操作，应联系厂家售后服务部门处理。

第二节　LED 显示屏

任务一　LED 显示屏的认识

学习目标

1. 了解常见 LED 显示屏的类型和特点。
2. 了解常见 LED 显示屏的技术指标。
3. 能够依据使用需求选购合适的 LED 显示屏。

LED 显示屏可以显示变化的数字、文字、图形图像，不仅可以用于室内环境，还可以用于室外环境，具有投影仪、电视墙、液晶显示屏无法比拟的优点，企业宣传用 LED 显示屏如图 2—31 所示。本任务的主要内容是了解 LED 显示屏的基本知识。

● 图 2—31　企业宣传用 LED 显示屏

一、LED 显示屏的分类

1. 按颜色基色分类

单基色显示屏：单一颜色（红色或绿色）。

双基色显示屏：红和绿双基色，256 级灰度的可以显示 65 536 种颜色。

全彩色显示屏：红、绿、蓝三基色，256 级灰度的全彩色显示屏可以显示 1 600 多万种颜色。

2. 按显示器件分类

LED 数码显示屏：显示器件为 7 段码数码管，适于制作时钟屏、利率屏等显示数字的电子显示屏。

LED 点阵图文显示屏：显示器件是由许多均匀排列的发光二极管组成的点阵显示模块，适于播放文字、图像信息。

LED 视频显示屏：显示器件是由许多发光二极管组成，可以显示视频、动画等各种视频文件。

3. 按使用场合分类

室内显示屏：发光点较小，一般直径为 3 ~ 8 mm，显示面积几至十几平方米。

室外显示屏：显示面积一般为几十至几百平方米，亮度高，可在阳光下工作，具有防风、防雨的功能。

4. 按发光点直径及间距分类

室内屏（按直径分）：ϕ3 mm、ϕ3.75 mm、ϕ5 mm 等。

室外屏（按间距分）：PH10、PH12、PH14、PH16、PH20、PH25、PH31.25、PH37.5 等。

5. 按显示方式分类

按显示方式不同有静态、横向滚动、垂直滚动和翻页显示等类型。

二、LED显示屏的主要技术指标

一般认为LED显示屏有以下几项关键性能指标，且与LED品质参数息息相关。

1. 像素、像素直径、点间距

像素：LED屏幕的最小发光单位，LED屏幕中的每一个可被单独控制的发光单元称为像素。

像素直径：每个LED发光像素点的直径。

点间距：LED屏幕的两像素间的中心距离称为点间距。

像素直径越小，点间距越小，在单位面积内像素密度就越高，分辨率也就越高，但成本也会变高。

2. 亮度

LED的亮度与单位面积的LED晶片数量、LED晶片本身的亮度成正比，且随驱动电流的增加而增加（注意此增加为非线性增长）。同时，LED显示屏的寿命会受到电流增加的影响，所以不能为了追求亮度过分提高驱动电流。

3. 视角

LED显示屏视角分为水平视角和垂直视角。LED晶片的封装方式决定LED屏幕的视角的大小。其中，表贴LED的视角较好，椭圆形LED单灯水平视角比较好。一般来说，LED显示屏的水平视角和垂直视角分别为120°和45°时，观看效果较好。

4. 灰度等级

灰度等级主要是指在亮度处于同一级别时，从零灰度到最高灰度之间的等级。对于数字化的显示技术而言，灰度等级是显示色彩数的决定因素。灰度等级主要取决于系统的数模转换位数，目前LED显示屏的灰度等级主要有256级（8位处理系统）、1 024级（10位处理系统）、4 096级（12位处理系统）和16 384级（14位处理系统）。

5. 对比度

对比度是指在一定的环境照度下，LED屏幕最大亮度和背景亮度的比值。为了能够显示出亮度均匀一致的文字和图像，不受周围光线的影响，屏幕应具有足够的对比度。对于LED显示屏，对比度要达到4 096∶1以上效果才好。

6. 换帧频率

换帧频率是指单位时间内屏幕画面信息更新的次数，一般为25 Hz、30 Hz、50 Hz、60 Hz等，换帧频率越高，变化的图像连续性越好。

7. 刷新频率

刷新频率是指LED屏幕显示数据每秒钟被重复显示的次数，常为60 Hz、120 Hz、240 Hz等，刷新频率主要决定着图像显示的稳定程度。

三、LED 显示屏选购的注意事项

1. 从性能参数方面来说

所谓好的 LED 显示屏，是指显示屏具有高灰阶、高刷新率、高利用率等特性。

（1）一般而言，灰度等级越高，显示的色彩越丰富，画面也越细腻，更易表现丰富的细节。一般来说，个人使用的 LED 显示屏可以采用 8 位或 10 位系统，商用式广播级产品可以采用 12 位及以上的系统。

（2）刷新率越高，所显示的图像（画面）稳定性就越好。刷新率的高低直接决定其价格，但是由于刷新率与分辨率两者相互制约，因此只有在高分辨率下达到高刷新率的显示屏才能称为性能优秀。

（3）高利用率是指在保证或提高 LED 显示屏显示效果的同时，尽可能降低 LED 显示屏的能耗。

2. 从视觉效果方面来说

（1）白平衡效果。白平衡效果是显示屏最重要的指标之一。色彩学上当红、绿、蓝三原色的比例为 1∶4.6∶0.6 时才会显示出纯正的白色，如果实际比例有一点偏差则会出现白平衡的偏差，一般要注意白色是否有偏蓝色、偏黄绿色现象。白平衡的好坏主要是由显示屏的控制系统来决定的，管芯对色彩的还原性也对白平衡有影响。

（2）亮度。室内全彩屏的亮度要在 800 cd/m^2 以上，室外全彩屏的亮度要在 4 000 cd/m^2 以上，才能保证显示屏的正常工作，否则会因为亮度太低而看不清所显示的图像。

（3）平整度。LED 显示屏的表面平整度要在 ±1 mm 以内，以保证显示图像不发生扭曲，局部凸起或凹进会导致显示屏的可视角度出现死角。平整度的好坏主要由生产工艺决定。

任务二　LED 显示屏的使用

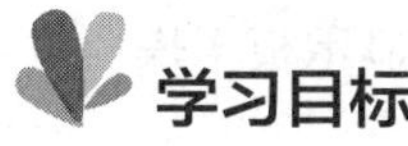

学习目标

1. 了解 LED 显示屏的日常操作和日常保养的注意事项。
2. 能够完成 LED 显示屏与计算机的连接。
3. 能够完成 LED 显示屏的设置。

LED 显示屏的正确安装与调试影响着显示屏的使用效果。按照正确的方法使用，

可以防止 LED 显示屏在工作过程中出现不清晰现象、马赛克现象和黑屏时的偏色现象等。显示屏在运行一定时间后会有灰尘等影响显示的杂物堆积，定期清洗和维护 LED 显示屏，能延长其使用寿命，提高显示质量。LED 显示屏的硬件安装一般都是企业售后来完成的，因此本任务的内容主要是将计算机连接到 LED 显示屏，并完成软件安装，练习 LED 显示屏的使用等。

一、LED 显示屏的日常操作注意事项

1. 连接计算机播放内容时，应遵守正确的开关顺序。开屏时应先开机、后开屏。关屏时应先关屏、后关机。若关计算机时不关显示屏，会造成屏体出现高亮点，可能烧毁灯管，后果严重。

2. 环境温度过高或散热条件不好时，应注意不要长时间开屏。

3. 开关 LED 显示屏时，间隔时间应不少于 5 min。

4. 避免在失控状态（如出现不受程序控制的异常显示等）下开屏。

5. 若经常出现显示屏电源开关跳闸的情况，应及时检查屏体或更换电源开关。

6. 计算机进入工程控制软件后，方可开屏通电。

7. 显示屏体及其控制部分所处的环境，应避免老鼠啃咬，必要时应放置防鼠药。

8. 避免在全白屏幕下开屏，因为此时系统的冲击电流最大。

9. 定期检查挂接处的牢固情况。如有松动现象，及时调整、加固或更新吊件。

10. LED 显示屏体出现一行非常亮时，应注意及时关屏，在此状态下不宜长时间开屏。

二、LED 显示屏的日常保养注意事项

1. 要求供电电源稳定，并接地保护良好。

2. 在强雷电天气等恶劣的自然条件下不要使用。

3. 屏体内严禁水、铁粉等易于导电的金属物进入。LED 显示屏尽量放置在低灰尘的环境中，灰尘会对显示效果造成影响，同时灰尘过多会对电路造成损害。

4. 如果屏体内不慎进水，应立即断电并联系维修人员，直至屏体内显示板干燥后方可使用。

5. LED 显示屏表面可以采用酒精进行擦拭，或者使用毛刷、吸尘器进行除尘，不能直接用湿布擦拭。

6. 建议 LED 显示屏每天休息时间大于 2 h，在梅雨季节一个星期至少使用一次以上。一般每月至少开启屏幕一次，点亮 2 h 以上。

7. LED 显示屏需定期检查是否能够正常工作、线路有无损坏，如不工作要及时排除

故障，线路有损坏要及时修补或者更换。

8. 播放时不要长时间处于全白色、全红色、全绿色、全蓝色等全亮画面，以免造成电流过大、电源线发热过高、LED 灯损坏等问题，影响显示屏的使用寿命。切勿随意拆卸、拼接屏体。

9. LED 显示屏主控计算机等相关设备，应放置在装有空调、微尘的房间，以保证计算机通风散热和稳定工作。

10. 非专业人员禁止触碰 LED 显示屏内部线路，以免触电或造成线路损坏；如果出现问题，应由专业人员进行检修。

实践操作

一、连接 LED 显示屏与计算机

LED 显示屏与计算机的连接按如下步骤完成。

第一步：将带有 DVI 输出接口的显卡安装在计算机 AGP 或者 PCIE 插槽中，将发送卡安装在计算机 PCI 插槽中，显卡和发送卡用 DVI 线进行连接，如图 2—32 所示。如果启动计算机后提示找不到大屏幕系统，则表示串口线没有连接好。

第二步：开启计算机完成显卡驱动程序安装。

第三步：根据不同显卡的控制面板，开启第二显示器（复制桌面），打开发送卡。

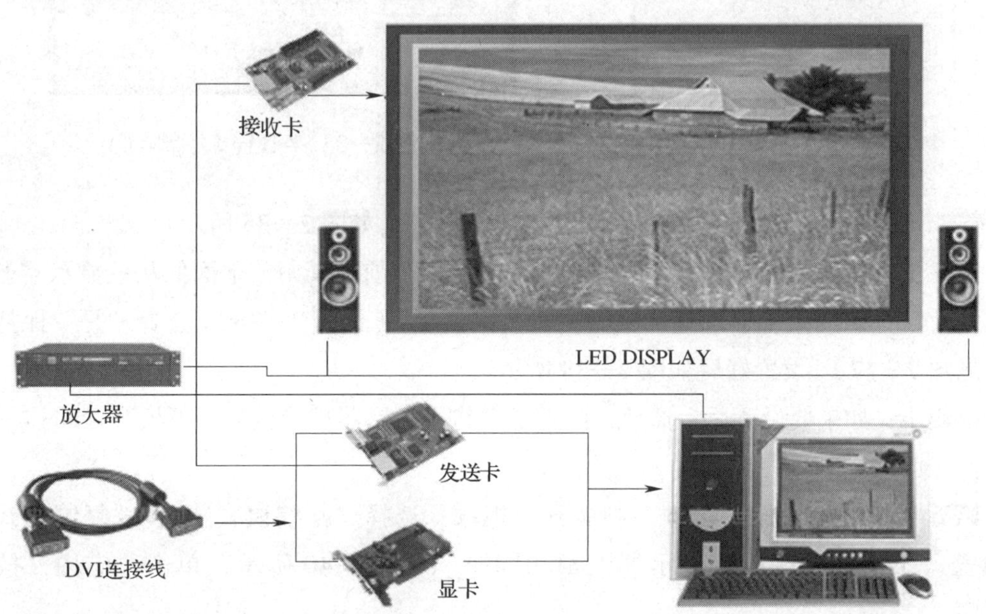

● 图 2—32　LED 显示屏的连接

第四步：确认发送卡红灯在闪烁。如果闪烁，则继续进行第五步；如果常亮，则检查DVI线是否连接牢固，然后重复第四步；如果不亮，则应检查发送卡是否插紧、主板与发送卡是否兼容、能否提供3.3 V电压给发送卡。

第五步：将发送卡U、D口的网线输出与显示屏箱体进行连接。

第六步：检查以上操作无误后，显示屏通电。

二、显卡和软件设置

1. 显卡设置（以ATI显卡为例）

第一步：在桌面上单击右键选择“ATI CATALYST（R）Control Center”，如图2—33所示。打开ATI显卡控制中心，如图2—34所示。

● 图2—33　打开快捷菜单

● 图2—34　ATI显卡控制中心

第二步：在左边的菜单中选择“显示器管理器”，如图2—35所示。

第三步：在如图2—35所示的“连接的显示器当前被禁用”下面的灰色显示器上单击右键，在弹出的菜单上选择“复制主机数字面板”（见图2—36），选择“是”保持设置（见图2—37）。设置好后如图2—38所示。

第四步：如果要设置后台播放，则选择“将主显示器扩展至数字面板”，如图2—39所示。

第五步：如果要播放视频，则展开“视频”选择“剧院模式”。在“复制模式显示覆盖”下选择“在所有显示器上都相同”，如图2—40所示，单击“应用”按钮确认。

● 图 2—35 选择“显示器管理器”

● 图 2—36 右击“连接的显示器当前被禁用”

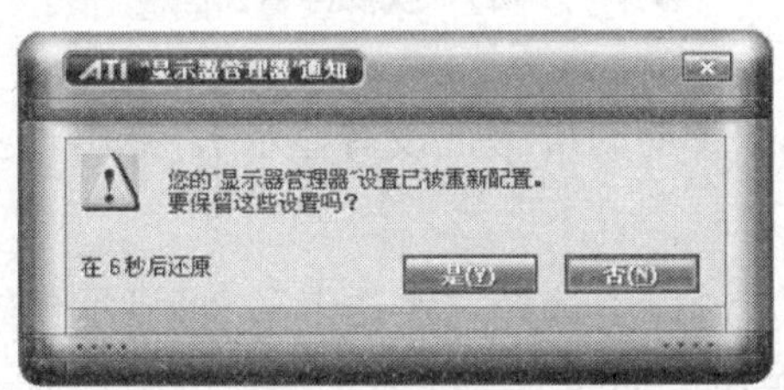

● 图 2—37 选择确认对话框

● 图 2—38 设置完成后的对话框

● 图 2—39 选择“将主显示器扩展至数字面板”

● 图 2—40 选择“在所有显示器上都相同”

2. 软件的设置

系统硬件参数通过控制软件设置。下面以“LED 演播室 8.75D”软件为例，其操作步骤如下：

第一步：启动 LED 演播室 8.75D。

第二步：打开“设置”→“软件设置”，如图 2—41 所示，单击“软件设置”后弹出如图 2—42 所示的对话框。

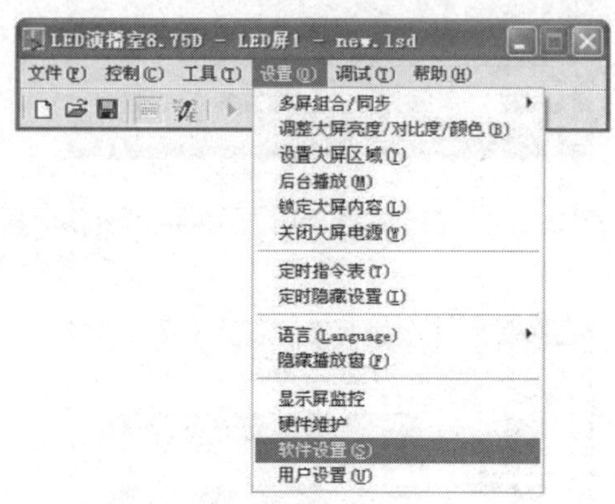

● 图 2—41　启动 LED 演播室 8.75D

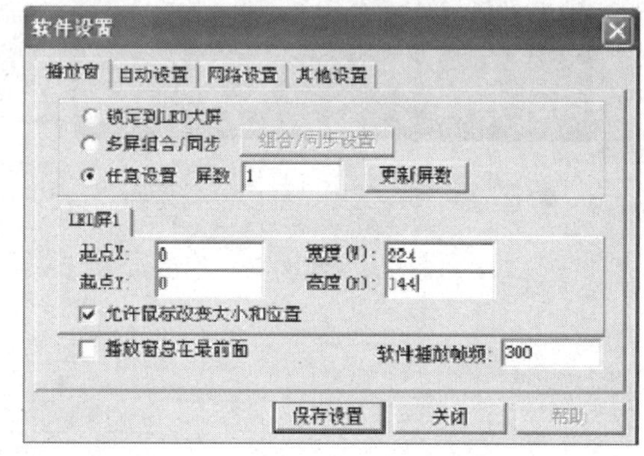

● 图 2—42　软件设置对话框

第三步：在键盘上输入设备初始密码“linsn”（此时屏幕上没有显示），弹出“密码输入”窗口，如图 2—43 所示。

第四步：设置发送卡，在“设置硬件参数”窗口中选择“发送卡”，将显示模式设置为 1 024 × 768，然后单击“保存到发送卡”按钮，如图 2—44 所示。

● 图 2—43　输入密码对话框

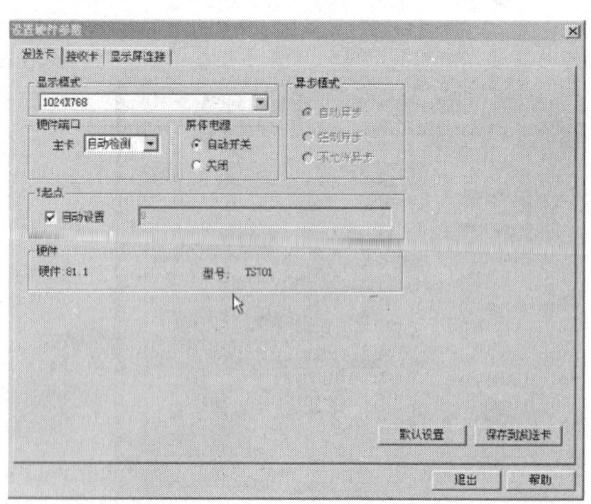

● 图 2—44　设置发送卡

第五步：设置接收卡，选择“接收卡”→“从文件加载”→“打开文件”，如图2—45所示。选择LED显示屏供应商提供的“×××.RCG”文件，单击“打开”按钮，如图2—46所示。

根据每个模组的点阵参数修改“带载设置”里的“实际宽度”和“实际高度”参数值。本例中，“实际宽度”一项填64，“实际高度”一项填48。然后单击“发送到接收卡”按钮查看模组是否显示正常。如显示正常，则单击“保存到接收卡”按钮把参数保存在接收卡里。

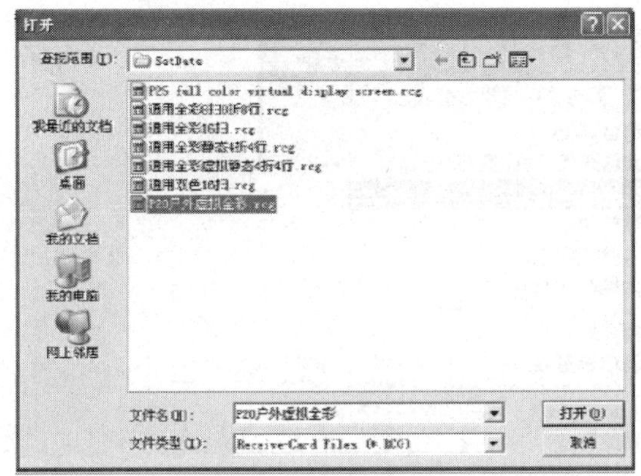

● 图2—45　选择文件

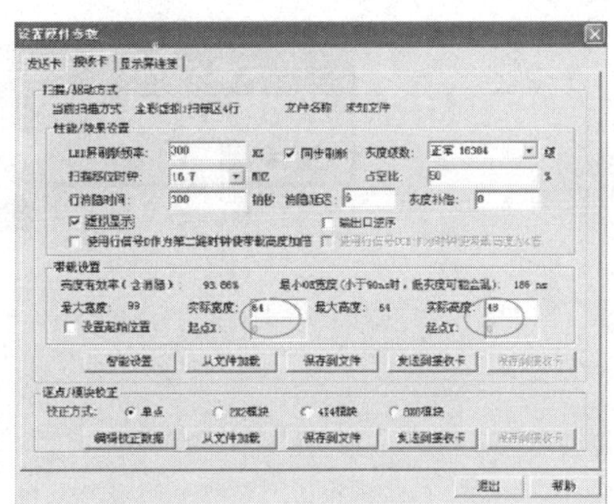

● 图2—46　进行带载参数设置

注意：接收卡参数文件的后缀是.RCG。打开不同的文件，显示的参数不同。

第六步：显示屏连接设置。根据模组之间的连接关系设置好显示屏连接，然后选择“发送到接收卡”→“保存到接收卡”，如图2—47所示。可以把设置好的显示屏连接参数保存为显示屏连接文件，该文件的后缀为.CON。

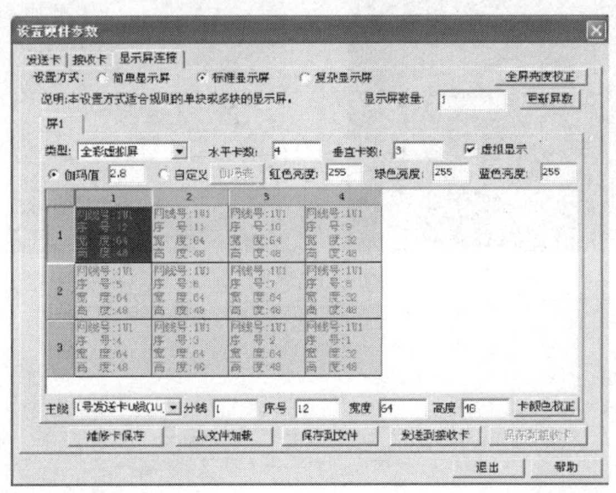

● 图2—47　显示屏连接设置

三、设置大屏起始位置

第一步：打开“LED 演播室 8.75D”。

第二步：单击“设置”菜单中的“设置大屏区域（Y）”，如图 2—48 所示，进入大屏设置窗口，如图 2—49、图 2—50 所示。

图 2—49 中的红线区域是显示屏的实际大小，可以在图 2—50 的窗口中修改“水平起点”和“垂直起点”的值来改变显示屏的起始位置。

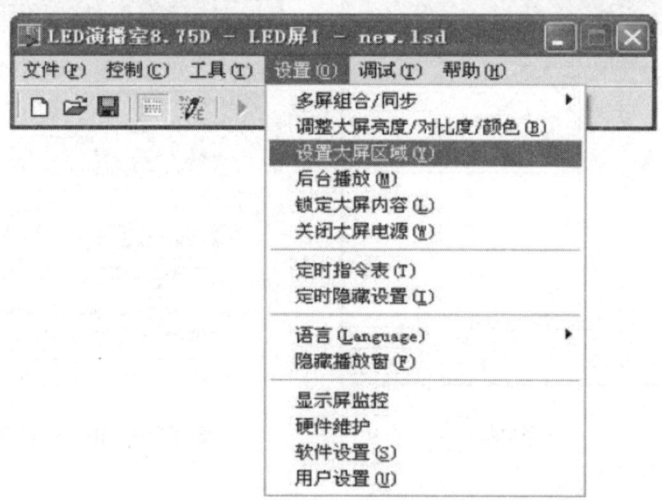

● 图 2—48 启动 LED 演播室 8.75D

● 图 2—49 大屏显示区域

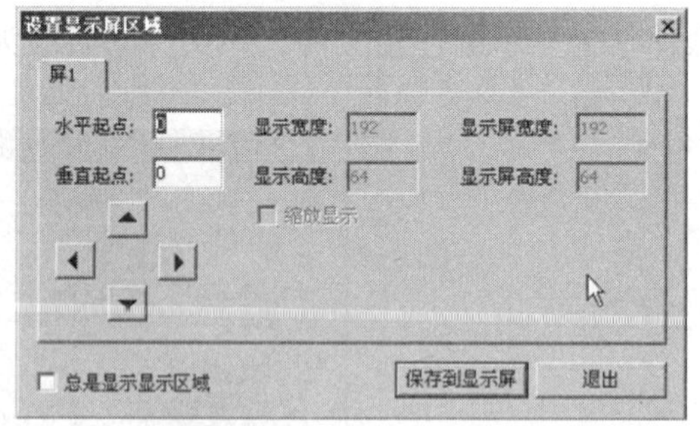

● 图 2—50 设置显示屏区域

第三节　电 子 白 板

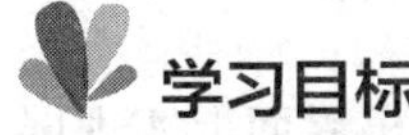

学习目标

1. 了解电子白板的常见功能和种类。
2. 了解常见电子白板的应用领域。

随着科学技术的不断进步，电子白板取代传统黑板、白板，应用在会议、教学等方面（见图 2—51 和图 2—52）已成为潮流。电子白板通过应用电磁感应原理，结合计算机和投影仪，可以实现无纸化办公及教学。最早出现的电子白板为复印型电子白板，随着技术的发展及市场的需要，出现了交互式的电子白板。

● 图 2—51　视频会议

● 图 2—52　多媒体教学

电子白板品牌种类繁多，只有对电子白板的种类及常用功能有一个初步的了解，才能更好地选购和使用电子白板。

一、电子白板的常见功能

1. 利用自带的编辑软件，实现基本的批注与绘画功能，在任意计算机界面上实现屏幕标注，笔型可以选择普通笔、排笔和毛笔等，标注笔颜色可以任意设定，标注内容可以随时利用电子橡皮擦除，标注的内容可以随时保存和打印。

2. 可利用电子笔在电子白板上进行触控操作，电子笔笔尖相当于鼠标左键，笔身按钮相当于鼠标右键，可模拟实现鼠标单击、双击、选中、拖动、右键等操作。

3. 可直接利用板体快捷工具条，实现屏幕内容放大、聚光灯、遮屏、查看快照、查看板书、屏幕校准，以及利用自定义功能，随时调用计算机的应用程序或者访问设定的网页。

4. 利用屏幕捕获、层技术和图形编辑功能，可以把静态的图形变成动态的演示，更加生动直观。还可以对操作内容进行重播回放，提高演示水平和质量。

5. 手写识别功能，可以在操作系统的现有语言包中选择识别语言，然后进行书写。

6. 视频会议功能，通过高清大屏幕的集中显示、便捷的触摸操作、直观的屏幕手写标注、海量图像的快速处理、远程多方数据共享以及人性化的操作模式等核心功能，满足用户召开视频会议的需要。

二、电子白板的分类

复印式电子白板和交互式电子白板是目前市场上最为常见的两种电子白板。

1. 复印式电子白板

所谓复印式电子白板（见图 2—53）即通过用户的简单操作便可将白板上书写的内容通过一定的方式扫描并打印出来。该功能完成过程与普通的复印过程一样，首先由图像传感器件对白板上的内容进行采集，采集信号经过一定的图像处理后，用热敏、喷墨或其他打印方式输出，输出的纸张一般为 A4 幅面。

这种电子白板的图像传感器件一般是 CCD，扫描方式采用 CCD 模块运动或白板膜运动两种。打印输出方式一般有热敏纸输出及喷墨普通纸输出，颜色上有黑白及彩色输出两种。除复印功能外，一些厂家还在此基础上添加了与计算机相连的功能，即将白板的内容扫描到计算机中，功能表现上相当于一台扫描仪。

2. 交互式电子白板

交互式电子白板（见图 2—54）可以与计算机进行信息通信，将电子白板连接到计算机，并利用投影仪将计算机上的内容投影到电子白板屏幕上，在专门的应用程序的支持下，可以构造一个大屏幕、交互式的协作会议或教学环境。利用特定的定位笔代替鼠标在白板上进行操作，可以运行任何应用程序，可以对文件进行编辑、注释、保存等操作。

图 2—53 复印式电子白板

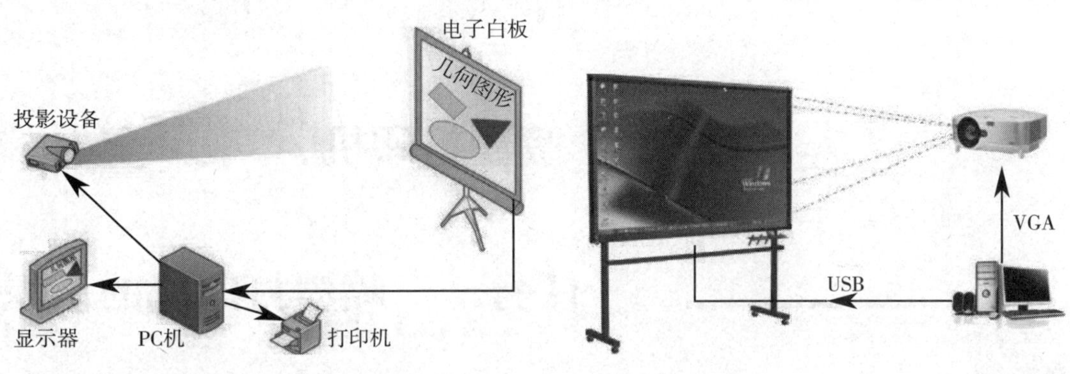

图 2—54 交互式电子白板

交互式电子白板也支持复印，将电子白板直接与打印机连接，通过特定的白板笔进行板书，需要打印时，只需按下面板上的打印键即可实现彩色或黑白打印。

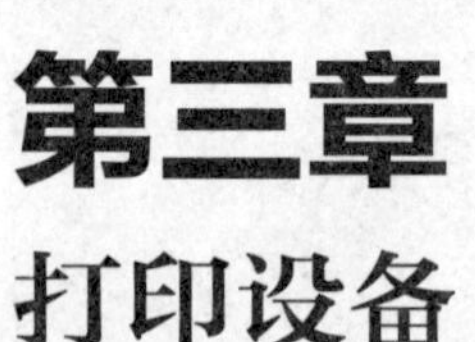

第三章 打印设备

随着科技的不断发展、信息传递的需要及经济水平的提高，计算机技术得到了飞速发展，打印机作为极其重要的输出设备也随之发生了变化，从最初的针式打印到喷墨打印、激光打印等，所采用的技术越来越先进，打印效果也越来越好，各种打印机正朝着高速、高质量、高可靠性、低噪声、操作简单和维护方便的方向发展。

第一节 喷墨打印机

任务一 喷墨打印机的认识

学习目标

1. 了解常见喷墨打印机的类型和功能特点。
2. 了解常见喷墨打印机的技术指标。
3. 了解喷墨打印机耗材选购的基本知识。

打印机的品牌多样、种类繁多，这就需要对打印机的种类有一个初步的了解，才能有的放矢地选购打印机。

一、常见打印机的分类

打印机按其工作方式可分为击打式和非击打式两大系列。击打式打印机是利用机械作用击打色带和纸张印刷出文字，如针式打印机；非击打式打印机是利用喷墨、光、电等各种物理和化学的方法印刷出文字和图形，主要包括喷墨打印机、激光打印机、热升华打印机等。不同打印机的外观如图 3—1 所示。

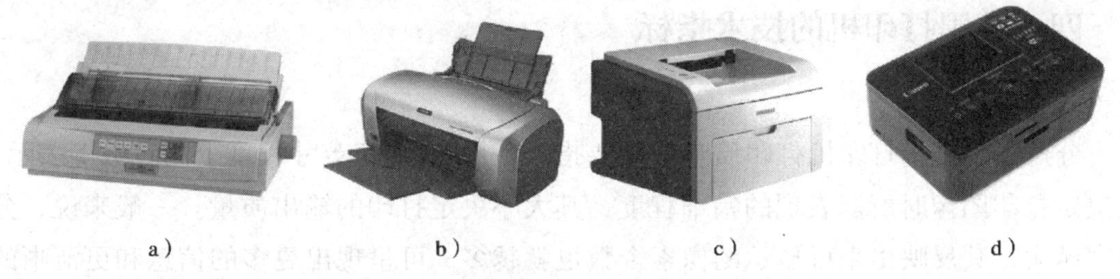

a)　b)　c)　d)

● 图 3—1　常见打印机

a）针式打印机　b）喷墨打印机　c）激光打印机　d）热升华打印机

二、喷墨打印机的基本知识

喷墨打印机是在针式打印机之后发展起来的，采用非打击的工作方式。其优点有体积小、操作简单方便、打印噪声低、使用专用纸张时可以打出和照片相媲美的图片等。

喷墨打印机头上一般都有 48 个或 48 个以上的独立喷嘴喷出各种不同颜色的墨水。喷墨打印机在打印图像时，需要经过一系列的复杂程序。当打印机喷头快速扫过打印纸时，它上面的喷嘴就会喷出无数的小墨滴，从而组成图像中的像素。

喷墨打印机采用的技术主要有两种：连续喷墨技术与随机喷墨技术。

连续喷墨技术的原理是利用压电驱动装置对喷头中墨水加以固定压力，使其连续喷射，并对其墨水滴大小、间距、飞行方向进行控制，使其生成字符或图形记录，不参与记录的墨水滴则由导管回收。这种技术打印速度高，不同的打印介质皆可获得高质量的打印结果，还易于实现彩色打印。但是，该打印机的结构比较复杂，打印也不精确。早期的喷墨打印机以及大幅面的喷墨打印机都是采用连续喷墨技术。

随机喷墨系统中墨水只在打印需要时才喷射，所以又称为按需式。它与连续式相比，结构简单、成本低、可靠性高，但是因受射流惯性的影响墨滴喷射速度低。为了弥补这个缺点，不少随机喷墨打印机采用了多喷嘴的方法来提高打印速度。当前市面流行的喷墨打印机都普遍采用随机喷墨技术。

三、喷墨打印机的分类

依据工作方式不同，喷墨打印机可分为压电式喷墨打印机和气泡式喷墨打印机两种。

依据打印幅面不同，喷墨打印机可分为 A4 喷墨打印机、A3 喷墨打印机、A2 喷墨

打印机等。

依据用途不同，喷墨打印机可分为普通喷墨打印机、数码影像喷墨打印机和便携式喷墨打印机等。

四、喷墨打印机的技术指标

1. 分辨率

分辨率是衡量打印机打印质量的重要指标，用 dpi（每英寸长度上的点数）表示，它决定打印图像时所能表现的精细程度，其大小决定打印的输出质量。一般来说，分辨率越大，其反映出来可显示的像素个数也就越多，可呈现出更多的信息和更清晰的图像。

2. 墨滴大小

喷墨打印机喷头的墨滴大小是决定打印精度的重要指标。打印分辨率只代表每英寸内能够打印多少个墨点，而打印墨点的大小则是决定照片图像看起来是否有颗粒感的关键。因此，照片级的喷墨打印机具有较小的墨滴，墨滴大小一般控制在 $4\times10^{-12}\ \text{m}^3$ 以内。

3. 打印幅面

打印幅面是指打印机可以打印的纸张大小。一般情况下，打印幅面主要包括 A4 幅面和 B5 幅面这两种。特殊情况下，在打印数码影像时需使用 A6 幅面的照片纸，工程绘图、大型报表则需使用 A3 幅面纸张。不同用途的打印机所能处理的打印幅面是不同的。

4. 打印速度

喷墨打印机的打印速度包括黑白打印速度和彩色打印速度。黑白打印通常用于文本打印，速度较快；彩色打印通常用于彩色图片打印，由于彩色图像计算机的处理时间较长，彩色图像打印速度相对于黑白打印速度慢。

5. 色彩合成技术

目前喷墨打印机大多采用 CMYK 四色（合成青、品红、黄、黑）；还有一种专色墨盒，即在原来四色的基础上，再增加几种过渡色（如橙色、绿色等），能够进一步提高图面质量，其输出画面更为真实鲜活。

五、喷墨打印机耗材的选购

在选购喷墨打印机的同时，耗材的选购也一定要考虑，如墨盒、连续供墨系统、相纸等，这决定了今后喷墨打印机的打印效果和使用成本。

1. 墨盒的选购

墨盒分为原装墨盒和通用墨盒两种。原装墨盒在质量和售后服务上都有很好的保证，是大部分用户的首选，但价格较高，买原装墨盒最好到厂家指定的经销商处购买。

一般通用墨盒价格比原装墨盒低得多，如果产品出自正规的厂商，打印质量还是不错的，但选购时应注意以下几点：

（1）看打印效果。在墨盒的卖场一般都会有打印效果图，用户可以从打印效果图直观地观察墨盒的打印质量，查看图文层次感是否分明，是否偏色或失真，过渡色是否均匀自然等。

（2）看墨盒包装。优质的墨盒不仅表现在打印效果上，还表现在包装等细节上。以真空包装为例，正品墨盒包装袋与盒体紧贴，袋内没有空气，假冒伪劣的墨盒则真空抽得不彻底。拆开真空塑料袋，正品墨盒应干净无污物。仔细观察墨盒上面的密封塑料贴纸，正品墨盒的密封薄膜平整紧实，假冒伪劣墨盒的则松散不平，很容易用手取下来。

（3）看售后服务。墨盒在日常使用过程中难免会由于操作不当等原因，出现漏墨、堵头等故障，良好的售后服务和技术支持对于用户来说至关重要，因此，在选购墨盒前，要了解厂商的售后服务内容和水平。

2. 连续供墨系统选购

近年来，为了降低打印成本，市场上出现了连续供墨系统，受到了彩色印刷、广告制作、数码影像、人像制作、装修装饰等行业，以及家庭照片打印用户的欢迎。在选购连续供墨系统时需要注意以下几个方面：

（1）连续供墨系统生产厂家较多，质量参差不齐，应注意选择口碑较好的厂家。

（2）目前连续供墨系统主要是通过线下代理商或网络销售，不同商家价格差异较大，在购买时应注意价格、性能的对比。

（3）目前连续供墨系统主要是针对 EPSON 系列打印机和部分 Canon 和 HP 打印机设计。在选购时，应首先判断自己的打印机是否能使用，并根据机型选择相匹配的连续供墨系统。

（4）使用连续供墨系统时，都会涉及安装、保修等内容，在购买前应了解清楚。

任务二　喷墨打印机的安装

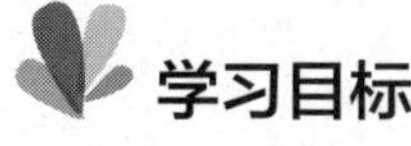

学习目标

1. 了解喷墨打印机的安装注意事项。

2. 了解连续供墨系统功能和安装使用方法。

3. 能够依据使用说明安装喷墨打印机。

喷墨打印机由于安装方法比较简单，既可以由销售公司的技术人员进行安装，也可以依据随机附带的用户手册自行进行安装。本任务的内容就是以 EPSON Stylus Photo 1390 型喷墨打印机为例，完成喷墨打印机的安装。

一、安装喷墨打印机的注意事项

安装喷墨打印机，主要应注意以下几点：

1. 将打印机放在水平、稳定的平台上，避免将打印机放置在常发生震动的地方。

2. 将打印机放在容易连接计算机，距离网络接口较近，且能较易切断电源的地方。

3. 在打印机前留出足够大的空间以便于出纸以及维护操作。

4. 避免在温度较高的地方使用和放置打印机，打印机应远离阳光直射、强光源以及发热装置。

5. 喷墨打印机墨水具有挥发性，因此不要将喷墨打印机放置得离人太近，以免对人体健康造成影响。

二、连续供墨系统

EPSON 喷墨打印机支持连续供墨系统，连续供墨系统的结构以及各部件的名称如图 3—2 所示。

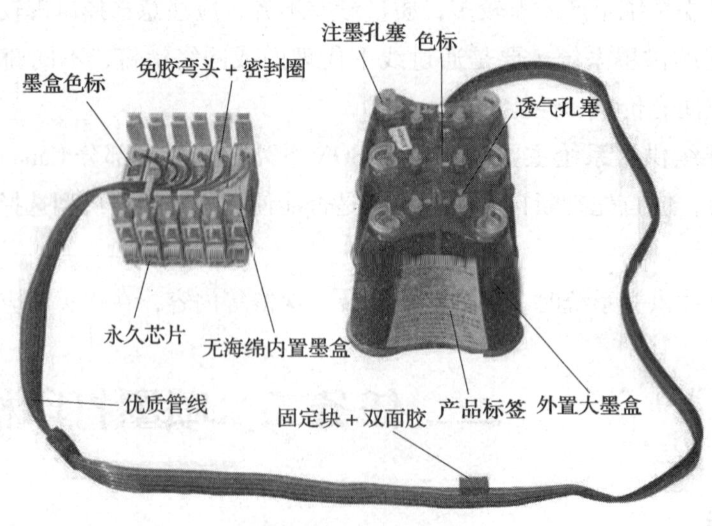

图 3—2　连续供墨系统

连续供墨系统的安装过程如下：

1. 连续供墨系统的安装准备

首先要做好检查，包括连续供墨系统的型号、使用范围是否和需要安装的打印机型号一致，打开包装以后查看有无漏墨现象，检查芯片是否松动或脱落、附件是否齐全。

2. 装入连续供墨系统的内墨盒

按照更换墨盒的步骤，将打印机的墨盒舱自行移到更换墨盒的中间位置，然后拔掉电源线，取下打印机的原墨盒，直接装进连续供墨的内墨盒，并盖上墨盒舱盖。注意，有些连续供墨系统的内墨盒，要取下原有的墨盒舱盖，然后使用专用盖。

3. 确定排管走向并予以固定

连续供墨系统的排管走向有多种形式，确定排管走向有三种方法：一是按照连续供墨系统安装说明书附带的图示；二是网上查询，连续供墨系统安装说明书不会将所有机型排管走向都附带图示，网上各机型排管走向的说明比较齐全；三是一只手提起排管，将它固定到打印机的中间上方位置，另一只手来回推动墨盒舱，左右运动，观察最合理的排管走向。

安装连接供墨系统时，应确定排管中间的具体位置，使用一只手将排管固定压在打印机外壳上，另一只手来回推动墨盒舱，找出墨盒舱运动中排管具体的固定位置，再将排管固定支架粘贴牢。

4. 检查安装情况

在连续供墨系统安装完成以后，需要检查的内容包括以下几个方面：

（1）确认墨盒舱来回运动时，排管不会与外壳摩擦过大，不会与墨盒舱数据排线发生打绞现象。

（2）排管支架粘贴牢靠。

（3）排管从外墨盒到内墨盒的整个路线中间没有压瘪或死结现象。

（4）打开外墨盒通气孔，有排管墨水控制阀的应确保其处于开启状态。

5. 通电打印

在完成检查以后，要将打印机墨盒舱推回到最右面，再开启电源。通电以后，打印机一般要进行自检，有的机型墨盒舱会来回运动几次，注意仔细观察墨盒舱运动有无异常。打开计算机，进行喷嘴清洗及打印测试，如果打印正常，则表明连续供墨系统已经安装成功。

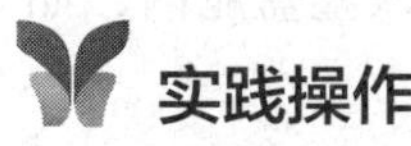

实践操作

第一步：放置打印机。打印机必须放置在水平而稳定的平台上，为了便于日常工作与维护，打印机四周要预留出足够的空间，同时放置的位置要靠近计算机。

第二步：安装设备。首先打开设备电源，其操作步骤及注意事项如图 3—3 所示，然后准备安装打印墨盒，其操作步骤及注意事项如图 3—4 所示。

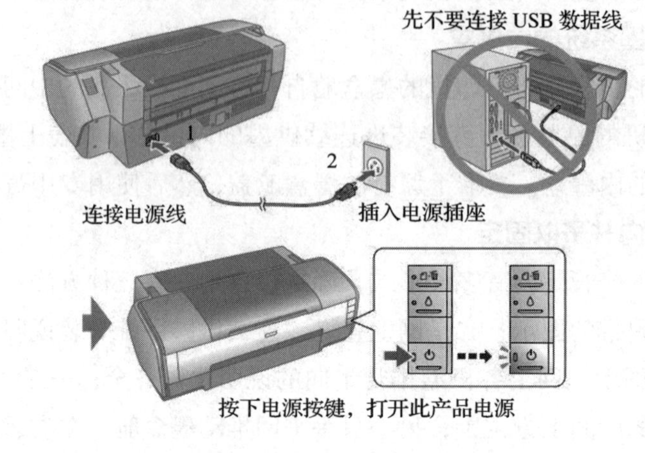

● 图 3—3　打开电源设备

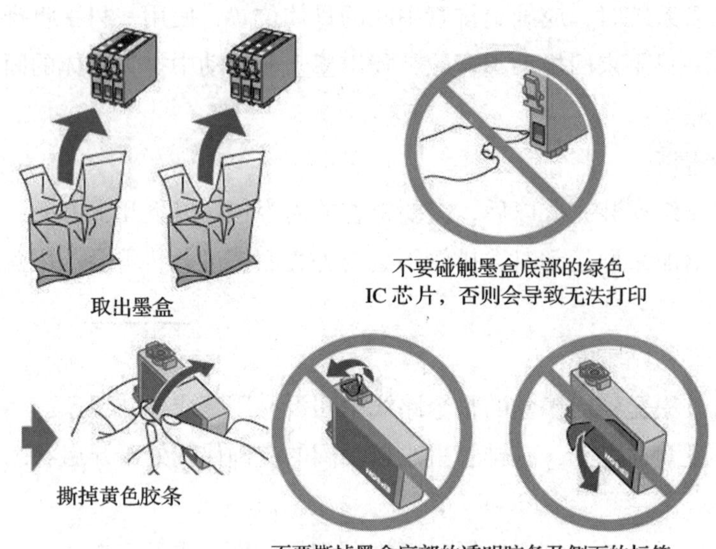

● 图 3—4　准备安装墨盒

安装墨盒，其操作步骤及注意事项如图 3—5 所示。墨盒的排列顺序从左到右依次为黄色、黑色、淡青色、淡洋红色、洋红色、青色。注意将墨盒正确放入墨盒舱内，如果墨盒舱出现错位，则不能正常打印。

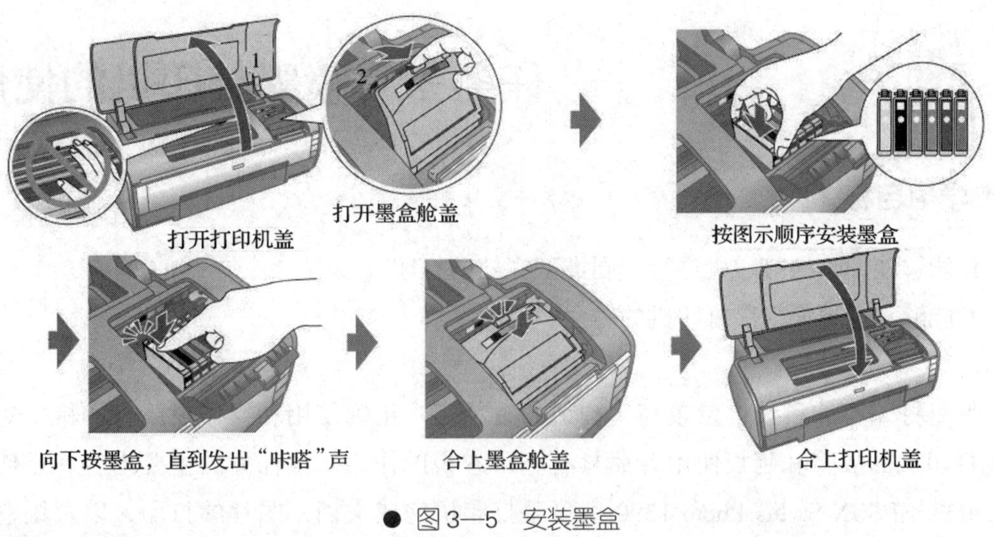

● 图 3—5　安装墨盒

最后充墨，其操作步骤及注意事项如图 3—6 所示。此时不要关闭电源、不要拔掉电源插头、不要装入打印纸。

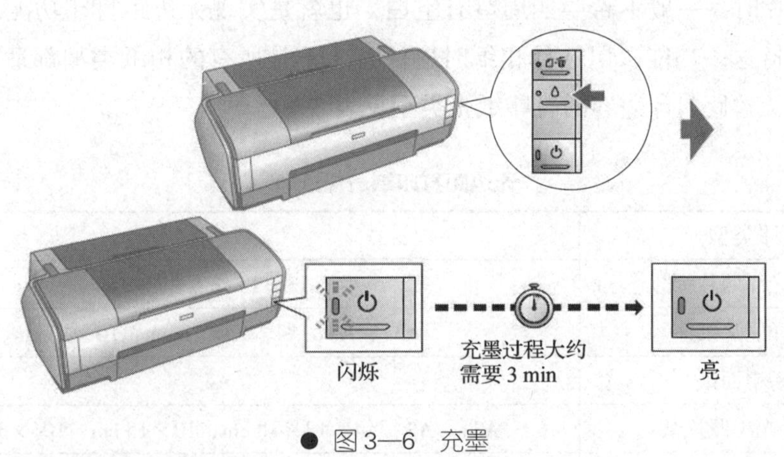

● 图 3—6　充墨

第三步：安装软件。打印机驱动软件的安装过程与一般软件类似，在安装过程中，屏幕会提示连接数据线，此时将打印机的数据线与计算机进行连接，保证打印机电源开启。但要注意，在进行驱动程序安装之前，不要连接计算机数据线，要等到安装过程中有相应的提示，方可连接数据线。安装完毕重新启动计算机之后，打印机的驱动程序就已经安装完成，可以使用了。

任务三　喷墨打印机的使用

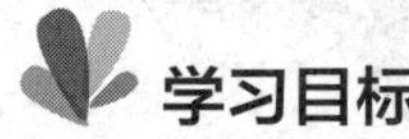

学习目标

1. 能够使用喷墨打印机进行不同类型文档的打印。

2. 能够正确更换喷墨打印机的墨盒。

喷墨打印机的科技含量较高，构造非常精密。正确使用和操作喷墨打印机，对于减少打印机的故障和延长使用寿命具有不可忽视的作用。本任务的主要内容就是使用安装好的 EPSON Stylus Photo 1390 型喷墨打印机完成文档、照片的打印，以及墨盒的更换。

一、无边距打印纸适应纸型

打印照片时，一般不希望四周留有空白，也就是实现无边距打印功能。EPSON 打印机一般支持这一功能，但选择相纸时应注意，不是所有的相纸类型都适合无边距打印，EPSON 无边距打印兼容的打印纸张类型见表 3—1。

表 3—1　　无边距打印纸适应纸型

纸张类型	尺寸
超级光泽照片纸	A4、13 × 18 cm、10 × 15 cm
光泽照片纸	A3+、A3、A4、13 × 18 cm、10 × 15 cm
重磅粗面纸	A4
高质量光泽照片纸	A3+、A3、A4、13 × 18 cm、10 × 15 cm、106 × 181 cm
高质量亚光照片纸	A3+、A3、A4、10 × 15 cm
EPSON 粗面档案纸 EPSON 增强粗面纸	A3+、A3、A4

二、更换、保存墨盒注意事项

1. 如果需要暂时取下墨盒，要注意让出墨口远离灰尘，将墨盒保存在与打印机相同的环境中。存储墨盒时，必须将墨盒颜色的标签面朝上。

2. 墨水供应端口处的阀门是为了容纳可能泄漏的过量墨水而设计的，不要触碰。

3. 将墨盒保存在儿童无法触及的地方。

4. 新墨盒打开包装后应立即使用。

5. 备好更换用的墨盒之前，要让旧墨盒一直装在打印机上，否则打印头喷嘴中的余墨可能会变干，导致无法打印。

实践操作

一、装入打印纸

首先打开托纸架，拉出其延伸部分，如图 3—7 所示，再打开前盖，拉出延伸出纸器，如图 3—8 所示。

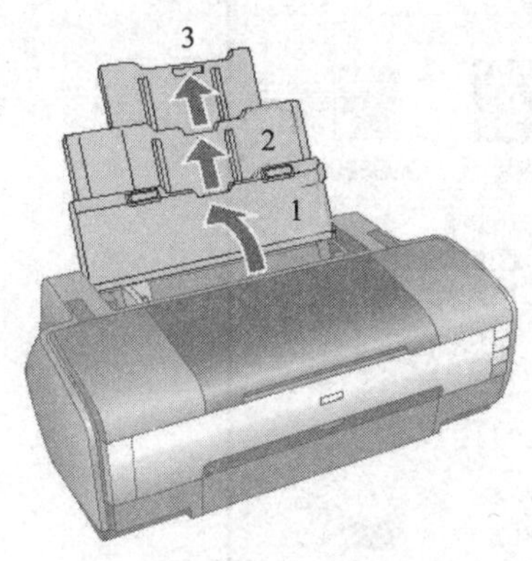

● 图 3—7 打开托纸架

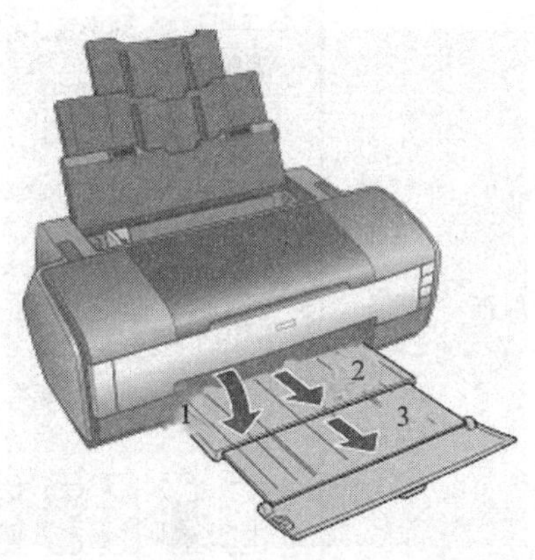

● 图 3—8 延伸出纸器

捏紧左导轨上固定钮的同时滑动左导轨到左侧，如图 3—9 所示。轻轻将纸面沿着右导轨装入，然后滑动左导轨，使其紧靠在打印纸的左边缘，但不要太紧，如图 3—10 所示。

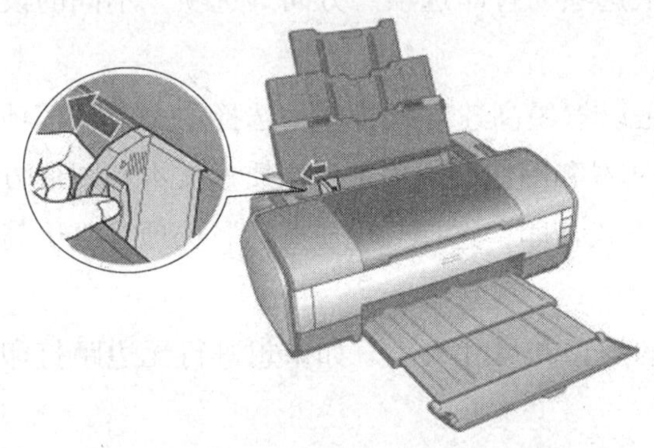

● 图 3—9 滑动左导轨

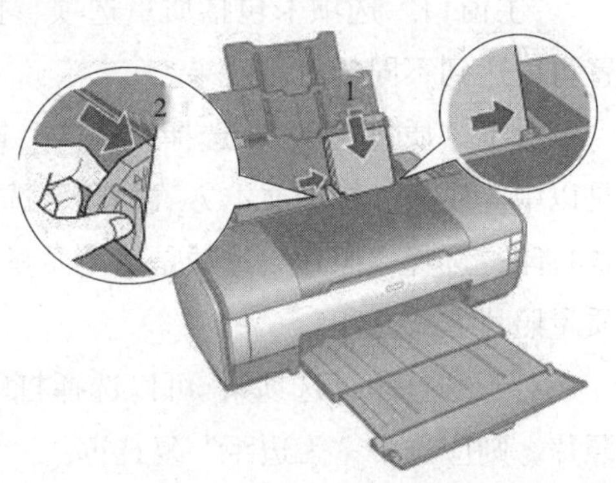

● 图 3—10 安装打印纸

在打印机的前部要留出足够的空间，以使打印纸充分退出；在进纸器中装入打印纸时应使短边朝前，打印横向照片也一样，同时纸叠不要超出左导轨上的箭头标志。

二、打印照片与文档

在 Windows 环境下，可通过各软件中的打印设置菜单对打印机的属性进行设置。例如在 Photoshop 中，选择“文件 | 打印（P）…”菜单项，弹出“打印”对话框，在对话框中单击“属性”按钮，弹出“EPSON Stylus Photo 1390 Series 属性”对话框，选择“主窗口”选项卡，如图 3—11 所示。

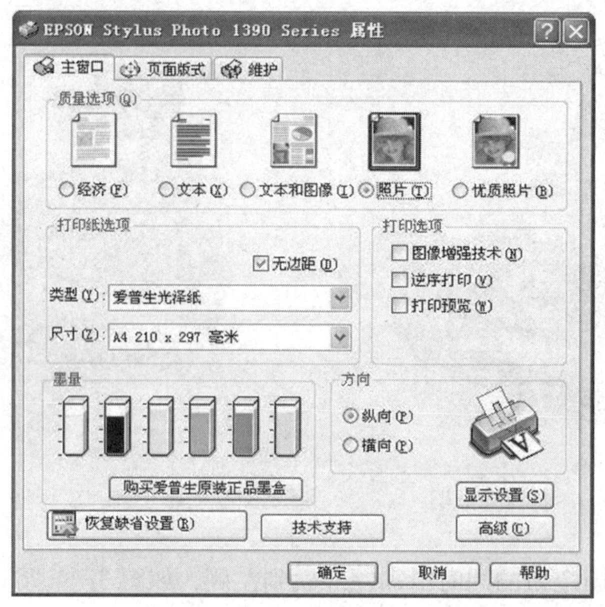

● 图 3—11 “主窗口”选项卡

“主窗口”选项卡包括质量选项、打印纸选项、打印选项、方向等选项，不同的设置可以达到不同的打印效果。

对于“质量选项”，选择“经济”选项是以省墨高速方式打印；选择“文本”选项是以中等质量、标准文本方式打印；选择“文本和图像”选项是以高质量文本和图形方式打印；选择“照片”选项是以高质量照片方式打印；选择“优质照片”选项是以更高质量照片方式打印。

对于“打印纸选项”，可以选择打印纸的类型和尺寸大小。如果想进行无边距打印照片，则应选中“无边距”复选框。

对于“方向”，通过选择“纵向”或“横向”单选项，可以更改打印输出的方向。

打印机属性设置完成以后，再单击“打印”按钮，相应的照片或文档就打印出来了。

三、设置水印打印

1. 水印打印设置

水印是为了避免文稿或图片被盗用，而在其上添加的文字或图像标记，其设置方法如下：

首先打开“EPSON Stylus Photo 1390 Series 属性”对话框，选择“页面版式”选项卡，如图 3—12 所示。

● 图 3—12 “页面版式”选项卡

选择“水印”下拉列表框中需要使用的水印内容，单击“设置”按钮，弹出“水印”对话框，在对话框中可以分别对水印的“水印样式”“颜色”“位置”“浓度”和“尺寸”进行设置，如图 3—13 所示，设置完成后，单击“确定”按钮，完成水印设置。

2. 创建水印

用户自己可以创建基于文本或图像的水印并添加到水印列表中。在“页面版式”选项卡中，单击“添加 / 删除”按钮，弹出“用户自定义水印”对话框，如图 3—14 所示。

要使用图像文件作为水印，选择“BMP”。单击“浏览”按钮，指定要使用的位图文件，单击“确定”按钮，在名称框中为水印键入名称，单击“保存”按钮保存确认。

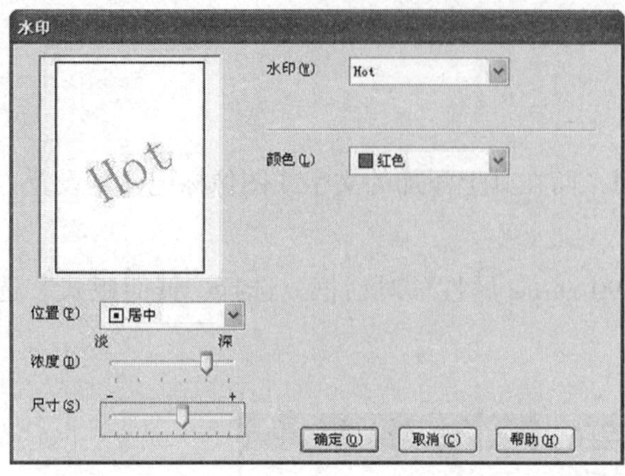

● 图3—13 “水印”对话框

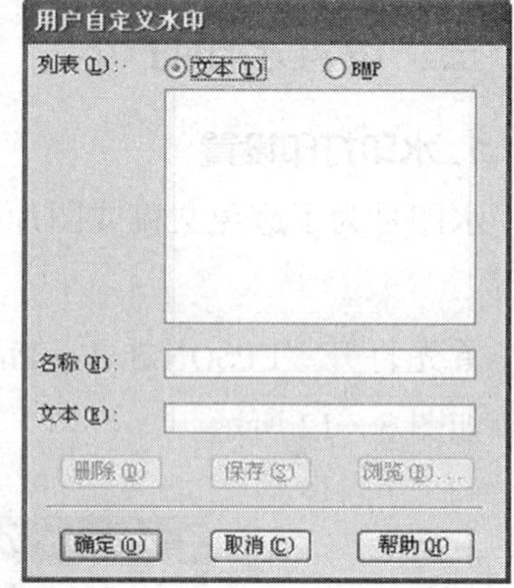

● 图3—14 “用户自定义水印”对话框

要生成基于文本的水印，选择“文本”，在文本框中键入文本内容。文本内容也将用作水印名。如果要更改水印的名称，则在名称文本框内键入新名称，单击“保存”按钮保存确认。如设置内容为“Epson 喷墨打印机”的水印步骤如下：在文本框中输入水印文字，单击“确定”按钮，返回“页面版式”选项卡，选择“Epson 喷墨打印机”水印类型，单击“设置”按钮，弹出“水印”对话框，在其中可以进行颜色、位置、浓度、尺寸、字体、字体风格和角度设置，如图 3—15 所示，设置结果反映在预览窗口中。

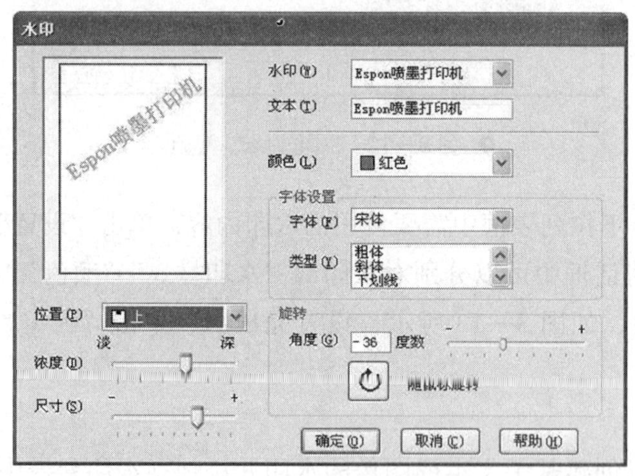

● 图3—15 用户自定义水印设置

四、设置海报打印

海报打印功能是指将一张大幅面海报图片自动分成若干块分别打印，然后通过手工拼接制成海报。其设置方法是：

打开“EPSON Stylus Photo 1390 Series 属性”对话框，选择“页面版式”选项卡，选择“多页”复选框，然后选择“海报打印”单选项，如图 3—16 所示，单击“设置”按钮，弹出“海报设置”对话框，如图 3—17 所示。确认无误后单击“确定”按钮，关闭海报设置窗口。

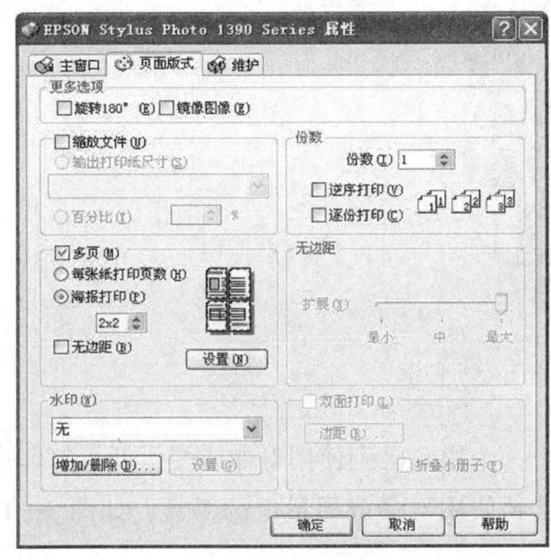

● 图3—16　多页打印

● 图3—17　海报设置

五、设置信封打印

利用 EPSON Stylus Photo 1390 型喷墨打印机可直接对信封进行打印，方法如下：

打开打印机“打印参数”设置窗口，选择“主窗口”选项卡，接着选择质量选项，如经济、文本、文本和图像、照片或优质照片。

然后进行信封类型设置，从尺寸设置列表中，选择合适的信封尺寸，同时用户也可以自定义尺寸。

选择打印方向，可以选择横向或纵向。

所有设置完成后，单击“确定”按钮，关闭打印机设置窗口，然后就可以直接在信封上打印了。

六、更换墨盒

第一步：确认电源指示灯⏻亮，但不闪烁。

第二步：打开打印机盖。

第三步：按下墨水按键💧。打印头将自动移至墨盒检查位置，并且电源指示灯⏻开始闪烁。显示墨盒标记表示墨盒已到使用寿命或墨量低，如图 3—18 所示。

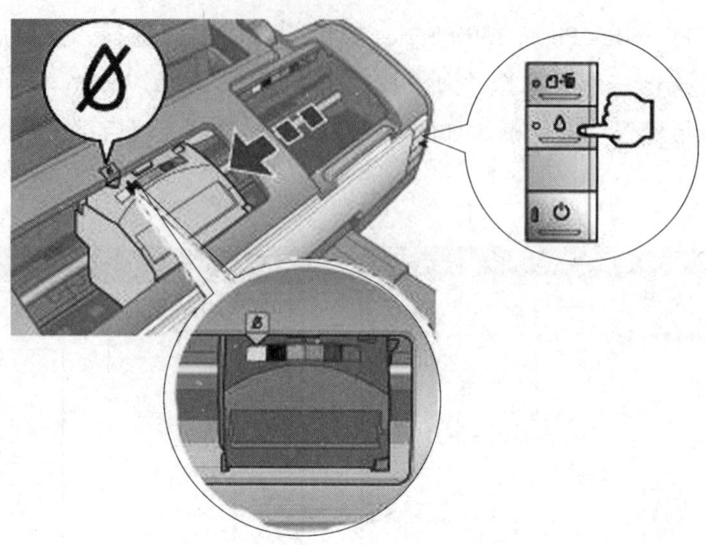

● 图 3—18　按下墨水按键

第四步：重复按下墨水按键 。如果不止一个墨盒已到使用寿命或墨量低，打印头每次都会移到 标记，直到显示完所有的已到使用寿命或墨量低的墨盒，如图 3—19 所示。

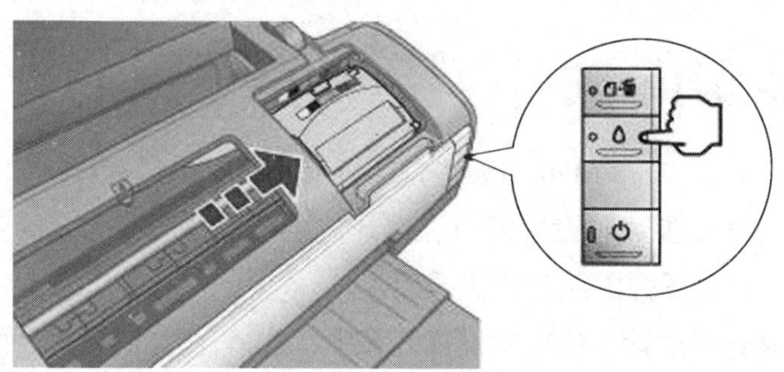

● 图 3—19　重复按下墨水按键

第五步：从包装中取出新墨盒，注意不要折断它两边的挂钩；不要触碰墨盒侧面的绿色 IC 芯片，否则可能会损坏墨盒。在取出旧墨盒之后要马上安装新墨盒，如果没有立即安装墨盒，打印头可能会变干，导致不能打印。

第六步：除去墨盒底部的黄色胶条。

第七步：打开墨盒舱盖，捏住旧墨盒上的固定小片，将墨盒从打印机中垂直拉出，如图 3—20 所示。不要拆开用过的墨盒，或尝试给其重新充墨。

第八步：底部朝下将墨盒放入墨盒舱中，然后向下推动墨盒，直到其固定到位发出“咔嗒”声，如图 3—21 所示。

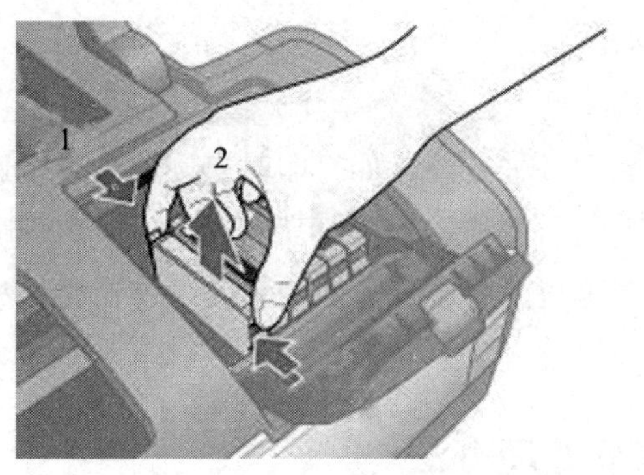

● 图 3—20　取出墨盒

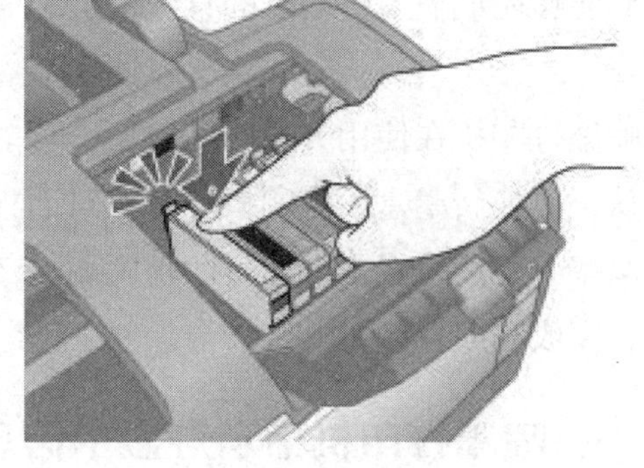

● 图 3—21　放入墨盒

第九步：关闭墨盒舱盖直到其固定到位发出“咔嗒”声，然后合上机盖。

第十步：按下墨水按键💧，打印机移动打印头，并开始给墨水传输系统充墨。完成此过程约需 2 min。当充墨过程完成时，打印头返回到初始位置。电源指示灯停止闪烁并保持长亮，墨水指示灯熄灭，如图 3—22 所示。

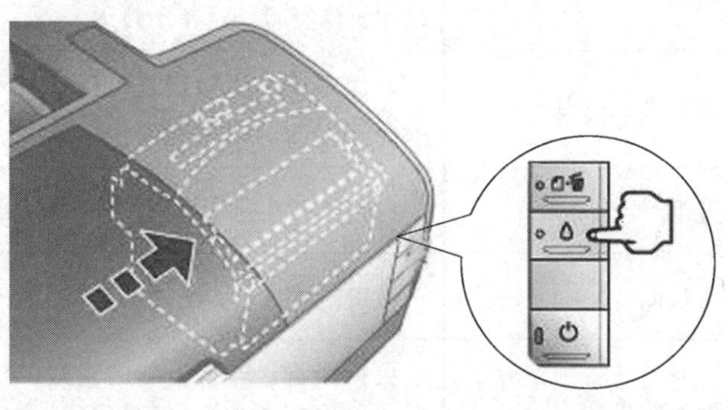

● 图 3—22　充墨过程

在打印机充墨时，电源指示灯会持续闪烁；如果在打印头移动到初始位置之后墨水指示灯闪烁，说明墨盒可能没有正确安装。

任务四　喷墨打印机的维护与保养

学习目标

1. 能够根据指示灯显示信息处理喷墨打印机使用过程中的常见问题。
2. 能够通过清洗、校准打印头等方法解决打印效果不佳等问题。
3. 能够处理未正常进纸等故障。

4. 能够完成喷墨打印机的日常维护和清洁。

喷墨打印机在使用一段时间之后，可能会现各种故障，如打印时墨迹稀少、字迹无法辨认，更换新墨盒后打印机在开机时面板上仍出现“墨尽”灯亮的现象，或出现喷头软性堵塞、检测墨线正常而打印精度明显变差等故障。本任务的内容就是针对常见故障现象，完成喷墨打印机的维护与保养工作。

一、喷墨打印机指示灯显示信息及处理办法

EPSON Stylus Photo 1390 型喷墨打印机出现故障时，指示灯显示信息及处理办法见表 3—2。

表 3—2　EPSON Stylus Photo 1390 型喷墨打印机指示灯显示信息及处理办法

指示灯	问题	解决办法
● 纸/取消键（亮）	缺纸	在进纸器中装入打印纸，然后按下打印纸按键，打印机恢复打印且指示灯灭
	多页进纸错误	取出多进的纸后在进纸器中装入打印纸，并按打印纸按键，可继续打印
纸/取消键（闪烁）	夹纸	打印纸夹在打印机中，取出打印纸即可继续打印
墨水（闪烁）	墨量低	检查墨盒状态，更换墨盒
● 墨水（亮）	墨盒用尽	更换墨盒。若换上新的墨盒，打印头移到初始位置后，仍出现墨盒已经用尽提示信息，说明墨盒可能没有正常安装，重新安装墨盒，直到安装到位
纸/取消键（闪烁） 墨水（闪烁） ○ 电源 交替闪烁	打印机中的废墨收集垫饱和	需要与 EPSON 售后服务中心联系
纸/取消键（快速闪烁） 墨水（快速闪烁） ○ 电源	打印头错误，可能是打印头夹纸或其他异物阻塞，不能返回初始位置	关闭打印机；打开打印机盖，从走纸通道中取出打印纸或其他阻塞物，然后打开打印机。如果仍不能消除错误，需要与售后服务中心联系

说明：●表示指示灯“亮”；○表示指示灯“灭”；（闪烁符号）表示指示灯闪烁；（快速闪烁符号）表示指示灯快速闪烁。

二、打印机的清洁、保养和搬运

1. 打印机清洁注意事项

（1）不要触碰打印机内的齿轮或压辊。

（2）不要把油脂涂到打印头下的金属部分。

（3）不要使用酒精或稀释剂清洁打印机机身，可能损坏打印机的部件和外壳。

（4）不要将水溅到打印机的机械部件或电子元件上。

（5）不要使用硬毛刷清洁打印机。

（6）不要将润滑剂喷洒到打印机内部，以免导致机械部分损坏。

2. 打印机维护保养注意事项

（1）新墨盒如果暂时不使用，一定要将出墨口向下放置。

（2）墨盒一旦安装，在未使用之前不要取出。

（3）一旦打印机显示墨盒用尽要尽快更换墨盒。

（4）较少使用的喷墨打印机，应至少每星期开机使用一次，避免因墨水挥发造成打印头堵塞。

（5）尽量避免打印时间过长，尤其是彩色打印，打印时间过长容易使打印头过热，影响打印头寿命。

（6）关机前，要让打印头回到初始位置（打印机在暂停状态下，打印头会自动回到初始位置）。

（7）部分打印机在初始位置时是机械锁定状态，此时不要人为移动打印头来更换墨盒，以免引起故障。

（8）更换墨盒时一定要按打印机操作手册的步骤进行，特别注意要在电源打开的状态下进行操作。

（9）在插拔打印机电源线及打印电缆时，一定要在关闭打印机电源的情况下进行。

（10）墨盒在长期不使用时应置于室温环境下，并避免阳光直射。

3. 搬运打印机的方法和注意事项

如果需要短距离搬运打印机，应尽量使用原始的包装箱和保护材料，具体操作步骤如下：

第一步：打开打印机电源，一直等到打印头返回到初始位置，然后关闭打印机机盖。

第二步：关闭打印机并拔下电源线。

第三步：断开接口电缆。

第四步：取出进纸器中的所有打印纸。

第五步：关闭出纸器和托纸架。

第六步：在打印机两侧装上保护材料。

第七步：将打印机和电源线重新装进原包装箱。

在进行搬运的过程中要注意以下几点：

（1）不要取下已安装的墨盒。取下墨盒会使打印头变干，并导致打印机无法进行打印。

（2）在搬运过程中要保持打印机水平，不要倾斜、垂直或倒置打印机，否则墨水可能从墨盒里泄漏。

实践操作

一、检查打印头喷嘴

如果发现打印的图像模糊或丢失墨点，可以使用喷嘴检查应用工具通过计算机检查打印头喷嘴，或使用打印机按键检查。

1. 使用喷嘴检查应用工具检查打印头喷嘴

第一步：确保设备正常，指示灯未出现错误提示。

第二步：确保在进纸器中装有 A4 尺寸的打印纸。

第三步：右键单击任务栏上的打印机图标，然后选择喷嘴检查。

第四步：按屏幕提示完成操作。

2. 使用打印机按键检查打印头喷嘴

第一步：确保设备正常，指示灯未出现错误提示。

第二步：关闭打印机。

第三步：确保在进纸器中装有 A4 尺寸的打印纸。

第四步：按住打印纸按键，再按下电源按键打开打印机，如图 3—23 所示。

第五步：当打印机电源打开时，松开两个按键。打印机打印出一张喷嘴检查页。

打印出的检查页中，如果测试线段上未出现间隙或部分丢失，说明打印头完好；如果打印的线条中有线段丢失情况，说明喷嘴可能堵塞或打印头失准。

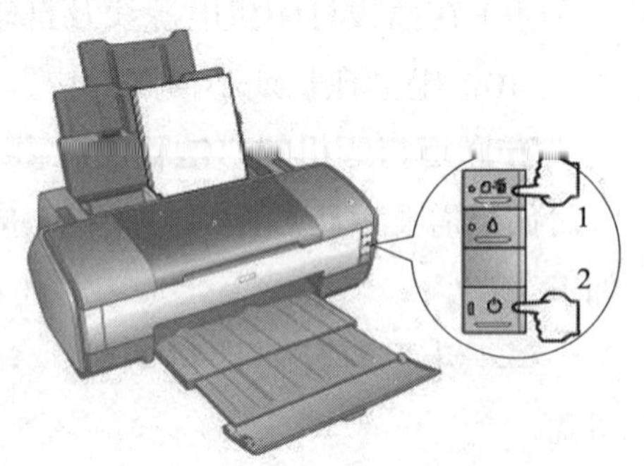

● 图 3—23　检查打印头喷嘴

二、清洗打印头

应注意，只有在打印质量下降时才能清洗打印头，可使用喷嘴检查应用工具确认打印头是否需要清洗，以便节省墨水；墨水指示灯闪烁或点亮时，不能清洗打印头。

1. 使用打印头清洗应用工具清洗打印头

第一步：确保设备正常，指示灯未出现错误提示。

第二步：确保在进纸器中装有 A4 尺寸的打印纸。

第三步：右键单击任务栏上的打印机图标，选择“打印头清洗”。

第四步：按屏幕提示进行操作，打印机执行清洗任务时电源指示灯⏻闪烁。

2. 使用打印机按键清洗打印头

第一步：确保设备正常，指示灯未出现错误提示。

第二步：确保在进纸器中装有 A4 尺寸的打印纸。

第三步：按住墨水按键💧3 s，打印机开始清洗打印头，且电源指示灯⏻闪烁。

当⏻电源指示灯停止闪烁时，仔细检查打印喷嘴检查页，确认打印头是否清洗干净。

注意：

（1）不要在电源指示灯⏻闪烁时关闭打印机，否则会损坏打印机。

（2）如果在重复此过程四次之后打印质量仍未改善，则关闭打印机，将其停放至少 6 h，然后再进行喷嘴检查，如果需要，可重复打印头清洗工作。

（3）如果打印质量仍没有改善，说明至少一个墨盒可能已到使用寿命或损坏，需要更换。

（4）如果更换墨盒之后打印质量问题依然存在，则需要与售后服务中心联系。

三、校准打印头

在使用打印机的过程中，如果发现垂直线失准或者出现水平条纹，可以使用打印机驱动程序中的打印头校准应用工具来解决问题，具体步骤如下：

第一步：确保设备正常，指示灯未出现错误提示。

第二步：确保在进纸器中装有 A4 尺寸的打印纸。

第三步：右键单击任务栏上的打印机图标，然后选择“打印头校准”。

第四步：按屏幕提示校准打印头。

四、未正常进纸问题的处理

1. 不进纸

可能的原因有：打印纸卷曲或折叠；打印纸超出左导轨上的箭头标志；打印页数超

过该介质指定的范围。确定原因后可根据情况进行相应处理。

2. 多页进纸

纸张卷曲、位置不当等可能造成多页进纸，另外常见的原因还有纸张太薄或纸张间有静电，此时应将打印纸叠成扇形摊开以使纸页分离，然后重新装入打印纸。

3. 打印纸没有完全退出或退出时褶皱

如果打印纸没有完全退出，按打印纸按键，然后打开打印机盖取出打印纸。另外，应检查应用程序或打印机设置中的打印纸尺寸设置是否正确。

如果打印纸退出时出现褶皱，可能是纸张受潮或太薄，应装入新的纸张。

4. 夹纸

打印机使用过程中，应注意做到以下几点，以避免发生夹纸问题：

（1）打印纸平滑，没有卷曲或褶皱。

（2）使用高质量的打印纸。

（3）进纸器中打印纸的可打印面朝上。

（4）装入打印纸之前，将纸叠做扇形展开处理。

（5）打印纸未超出左导轨的箭头标志。

（6）纸叠的页数应不超过此类型打印纸指定的装纸量范围。

（7）左侧导轨紧贴在打印纸的左边缘。

（8）打印机始终处于平坦稳固的平面上。如果倾斜，打印机将无法正常工作。

如果发生夹纸现象，可按照以下步骤进行处理：

第一步：按打印纸按键，退出夹住的打印纸。

第二步：如果不能消除错误，关闭打印机并打开打印机盖，取出其中所有的打印纸，包括所有碎纸片。然后重新装入打印纸，并按下打印纸按键继续打印。

五、对墨盒的日常维护

在使用喷墨打印机的过程中，需要对墨盒进行日常维护，才能保证打印机的正常使用。墨盒的日常维护要注意以下几个方面：

1. 墨盒在使用之前需要保存在密闭的包装袋中。储存温度不能过低或过高。过低会使盒内的墨水冻结，而长时间置于高温环境，墨水成分可能会发生变化。

2. 不可将墨盒置于阳光直射处，在安装墨盒时应注意不要让灰尘混入墨水造成污染。对于与墨盒分离的打印机喷头，不要用手触摸墨盒的出墨口，以免杂质混入。

3. 在挑选墨盒时，为了保证打印质量，尽量使用与打印机相匹配的型号，墨盒是一次性用品，用完后要更换，不能向墨盒中注入墨水。

4. 由于墨水是导电性液体，所以应避免将废弃的墨水溅到打印机的印刷电路板上，以免出现短路。如果墨水不慎溅到了印刷电路板上，可用含酒精的纸巾擦除。

5. 不要拆开墨盒，以免造成打印机故障。墨盒安装好后，不要再用手移动。

六、清洁打印机

要使打印机保持最佳工作状态，每年应彻底清洁几次，具体步骤如下：

第一步：拔下打印机的电源线。

第二步：取出进纸器中的打印纸。

第三步：使用软毛刷仔细地清除进纸器中所有的灰尘和污物。

第四步：如打印机外壳或进纸器内部需要清洁，应使用一条用中性清洗剂润湿的干净软布进行清洁，注意清洁时将打印机盖关闭，防止水流入内部。

第五步：如果打印机内部溅入了墨水，可使用湿布将其擦掉。

第二节　激光打印机

任务一　激光打印机的认识

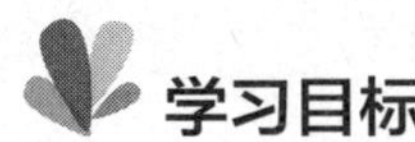

学习目标

1. 了解常见激光打印机的类型和特点。
2. 了解常见激光打印机的技术指标。
3. 了解激光打印机耗材选购的基本知识。
4. 能够依据使用需求选购合适的激光打印机。

激光打印机是在照相技术的基础上，结合激光扫描技术研制开发的一种光、机、电一体化的办公自动化设备。由于它具有速度快、分辨率高、工作噪声低等诸多优点，受到用户的青睐。

一、激光打印机的基本知识

激光打印机诞生于20世纪80年代末的激光照排技术，20世纪90年代中期开始流行。它是将激光扫描技术和电子照相技术相结合的打印输出设备，由激光器、声光调制器、高频驱动、扫描器、同步器及光偏转器等组成。其基本工作原理是将计算机传来

的二进制数据信息，通过视频控制器转换成视频信号，再由视频接口 / 控制系统把视频信号转换为激光驱动信号，然后由激光扫描系统产生载有字符信息的激光束，最后由电子照相系统使激光束成像并转印到纸上。与其他打印设备相比，激光打印机有打印速度快、成像质量高等优点，但使用成本相对高昂。

二、激光打印机的分类及技术指标

1. 激光打印机的分类

（1）按输出速度分类

激光打印机可分为低速机、中速机和高速机三种。输出速度以 A4 幅面为标准，低速激光机输出速度为 15 页 / 分钟以下，此类打印机结构紧凑、方便灵活，在办公领域应用广；中速激光机输出速度为 30 ~ 60 页 / 分钟，此类打印机速度适中，具有多种功能，适用于集中打印输出的应用领域；高速激光机输出速度大于 100 页 / 分钟，一般作为集中打印输出的高速输出设备。

（2）按打印的颜色分类

激光打印机可以分为彩色激光打印机和黑白激光打印机。这两种打印机的价格相差悬殊，一般用户采用的多是黑白激光打印机。

（3）按打印的幅面分类

激光打印机分为 A4 幅面、A3 幅面以及超大幅面。A4 幅面打印机即可以满足一般的打印要求。

（4）按打印机的网络功能分类

激光打印机分为网络打印机和非网络打印机。网络打印机专门为网络环境设计，自身带有或可选配网卡和打印服务器，有独立的 IP 地址；非网络打印机则为非网络设计，虽然可以借助 PC 机实现打印机的共享，但是不能称之为真正意义上的“网络打印机”，适用于规模较小、打印量不大的打印场所。

2. 激光打印机的技术指标

（1）打印速度

打印速度是指每分钟可以打印的页数，用 ppm 表示。目前，普通激光打印机的打印速度在 6 ~ 12 ppm，网络激光打印机的打印速度一般在 20 ppm 以上。

（2）分辨率

分辨率决定打印机打印的清晰程度，用 dpi 表示。目前，多数激光打印机分辨率都能达到 600 dpi 以上。

（3）最大打印幅面

最大打印幅面是指激光打印机所能打印的最大纸张幅面。幅面越大打印的范围就越大，通常有 A3、A4、A5 等幅面。

（4）首页输出时间

首页输出时间是指在执行打印命令后，输出打印的第一页内容所用的时间。一般的激光打印机在 15 s 内就可完成首页的输出工作。

（5）最大打印能力

最大打印能力是指打印机在一定时间内所能负担的最大打印量，以每月打印多少页为衡量标准。如果长期超过最大打印能力，打印机的使用寿命会缩短。

（6）介质类型

介质类型是指打印机所能打印的纸张类型。激光打印机可以处理的介质一般有普通打印纸、信封、投影胶片、明信片等。

三、激光打印机选购注意事项

现在中小企业和 SOHO（家居办公）用户是黑白激光打印机的主要用户群体，在选购激光打印机时，要根据自己的实际需要，从以下几个方面考虑。

1. 注意打印速度

中小企业和 SOHO 用户日常每次只打印少量文稿，因此，首页输出时间是一个衡量输出速度快慢的重要指标。一般一次打印内容在 60 页以内的用户，选购时应该特别注意首页输出时间。

2. 注意使用成本

对于激光打印机而言，应注意首次购买设备的成本和日后耗材成本的综合比较。某些产品首次购买价格可能比别的品牌价格低，但使用硒鼓容量比标准硒鼓小，日后耗材的成本就相对会高一些。

3. 注意设备噪声

如果打印机放在桌边使用，噪声也是用户应该特别注意的一个指标。选购过程中，应根据打印机的使用情况进行比较。

4. 注意服务和细节

激光打印机在使用过可能出现各种故障，选购时，要注意厂商的售后服务。

四、激光打印机主要耗材的选购

硒鼓是激光打印的主要耗材，为了延长打印机的使用寿命，必须注意鉴别硒鼓的真伪，用户在选购时要注意以下几个方面。

1. 看包装

原装硒鼓外包装印刷精美、颜色鲜艳，背面的序列号使用特殊技术印刷，且背景色含

有长方形的胶印贴。假冒硒鼓的外包装印刷粗糙、图像模糊、颜色灰暗。如 HP 的原装硒鼓，在外包装盒上贴有激光防伪标签，随着观察角度的不同，其颜色会在黑色和蓝色之间变化。

2. 看外观

原装硒鼓没有任何划痕，表面光滑程度很高，齿轮处也光滑无污渍。而自行填充墨粉的鼓芯表面粗糙，一般有明显的划痕而且齿轮也有明显的使用印迹，鼓辊的表面有细小的黑色条纹。

3. 看打印样张

用原装硒鼓打印出来的样张，其图像和文字不仅细腻、清晰，而且鼓粉附着力好，而用假冒硒鼓或自行填充墨粉的硒鼓打印，其样张品质较差，甚至用手可以将打印字迹擦去。

4. 看碳粉质量

虽然激光打印机的打印质量主要取决于激光打印机的分辨率，但与碳粉颗粒的大小也有一定关系。判断碳粉质量的直观方法是：使用装有该硒鼓的激光打印机打印一张全黑的图片，对准光亮处看纸张上的黑色分布是否均匀。

在选购硒鼓时，只有从以上方面充分考虑，才能选购到合适的硒鼓。

任务二　激光打印机的安装

学习目标

1. 了解激光打印机的安装环境要求。
2. 了解激光打印机各组件的名称及功能。
3. 了解碳粉盒的基本知识。
4. 能够正确安装激光打印机。

激光打印机的安装和其他打印机的安装类似，步骤较为简单，大多数情况下可由销售公司的技术人员进行安装，也可以依据打印机随机附带的用户手册自行安装。本任务的内容就是完成 HP LaserJet 1008 型激光打印机的安装。

一、激光打印机安装环境的选择

正确选择激光打印机安装环境对保证打印机的正常工作非常重要，主要应注意以下几个方面：

1. 不要将打印机放置在不稳定的平面上，不要接近辐射较大或有发热源的地方。

2. 不要堵上或盖住插孔以及打印机机箱的开口。

3. 要在打印机四周留有足够的空间以便操作或维修。

4. 不要将打印机放置在低温或多尘的环境中。

5. 将打印机放置在靠近插座的地方，以方便连接电源。

二、HP LaserJet 1008 型激光打印机的各组件名称及功能

1. 打印机正面

HP LaserJet 1008 型激光打印机正面如图 3—24 所示，各组件名称见表 3—3。

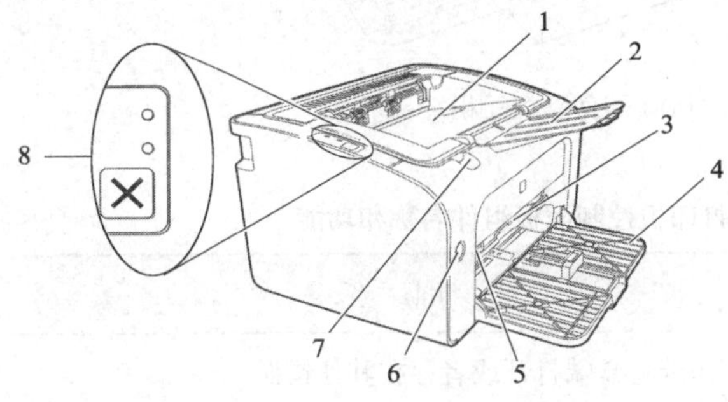

图 3—24　HP LaserJet 1008 型激光打印机正面

表 3—3　HP LaserJet 1008 型激光打印机正面组件名称

序号	名称
1	出纸槽
2	折叠式出纸盘伸展板
3	优先进纸槽
4	折叠式主进纸盘
5	短介质延伸板
6	电源按钮
7	碳粉盒端提扣
8	控制面板

2. 打印机背面

HP LaserJet 1008 型激光打印机背面如图 3—25 所示，各组件名称见表 3—4。

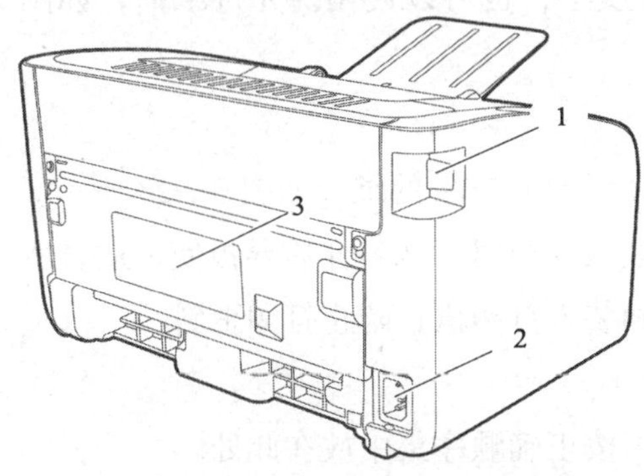

图 3—25　HP LaserJet 1008 型激光打印机背面

表 3—4　HP LaserJet 1008 型激光打印机背面组件名称

序号	名称
1	USB 接口
2	电源插口
3	序列号标签

3. 打印机控制面板

HP LaserJet 1008 型激光打印机控制面板由两个指示灯和取消按钮组成，如图 3—26 所示，各组件名称和功能见表 3—5。

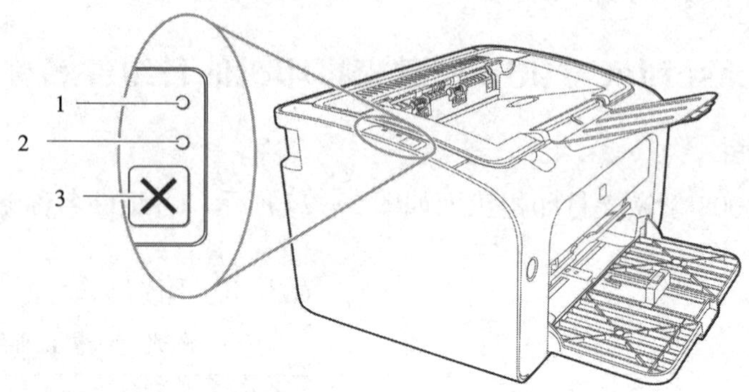

图 3—26　HP LaserJet 1008 型激光打印机控制面板

表 3—5　HP LaserJet 1008 型激光打印机控制面板组件名称和功能

序号	名称	功能
1	“注意”指示灯	表明打印碳粉盒端打开或者存在其他错误
2	“就绪”指示灯	当设备做好打印准备时，“就绪”指示灯会亮起 当设备处理数据时，“就绪”指示灯会闪烁
3	“取消”按钮	如要取消正在进行的打印作业，可按“取消”按钮

4. 优先进纸槽

在送入单张打印纸、信封、明信片、标签或投影胶片时，应当使用优先进纸槽。要将文档的第一页打印在与文档其余部分不同的介质上，也可以使用优先进纸槽，如图 3—27 所示。

5. 主进纸盘

主进纸盘位于打印机的前部，可容纳多达 150 张 60 ~ 70 g 的纸，如图 3—28 所示。

主进纸盘两侧和前面各有一个介质导板，在装入介质时，调整介质导板使之适合所用介质的长度和宽度。介质导板可以保证介质正确装入打印机，防止打印歪斜。

6. 出纸槽

出纸槽位于打印机的顶部，已打印完的介质将按正确顺序集中放在此处。

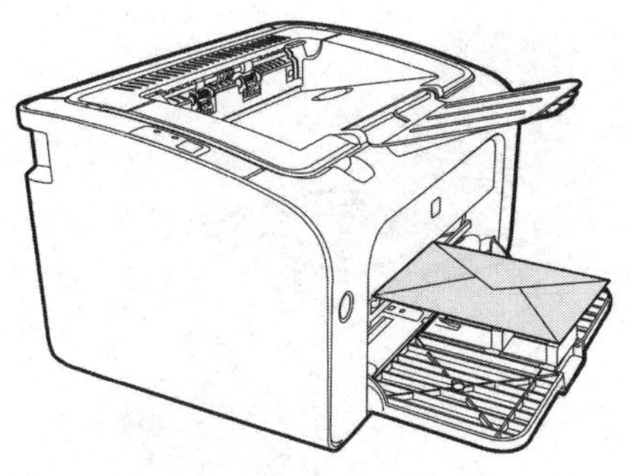

● 图 3—27 HP LaserJet 1008 型激光打印机优先进纸槽

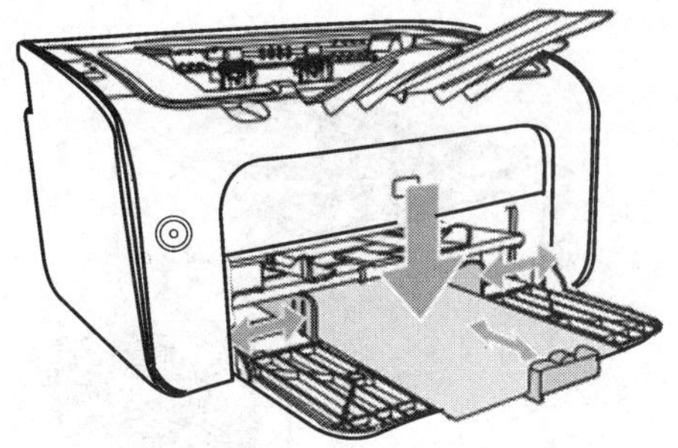

● 图 3—28 HP LaserJet 1008 型激光打印机主进纸盘

三、打印碳粉盒的基本知识

1. 打印碳粉盒的使用寿命

（1）打印碳粉盒的使用寿命取决于打印作业所需要的碳粉量。如果打印文本的覆盖率约是 50%，HP LaserJet 1008 型激光打印机的打印碳粉盒平均可打印 A4 纸约 2 000 页。

（2）碳粉的使用寿命可能会超过打印碳粉盒中的机械部件。如果在这种情况下打印质量开始下降，就必须安装新的打印碳粉盒，即使碳粉盒中还有剩余的碳粉。

2. 打印碳粉盒的保存

（1）在不准备使用打印碳粉盒时，勿将其从包装中取出。

（2）为防止损坏打印碳粉盒，应尽量缩短其暴露在光线下的时间。

（3）某些打印碳粉盒包装上盖有日期代码戳，此代码表示生产日期之后的 30 个月，其目的是便于有效管理厂商与其转售商之间的库存，并不代表碳粉的使用保存期。

实践操作

HP LaserJet 1008 型激光打印机的安装过程比较简单，可以分为硬件连接和驱动安装两个部分。

一、打印机各部件的安装

第一步：打开打印机的包装盒，检查所有附件是否齐全。将打印机放置在桌面上，打开正面的保护面板，拉出主进纸盘，如图 3—29 所示，然后去除主进纸盘和出纸槽上的保护胶带，按图 3—30 所示方向操作。

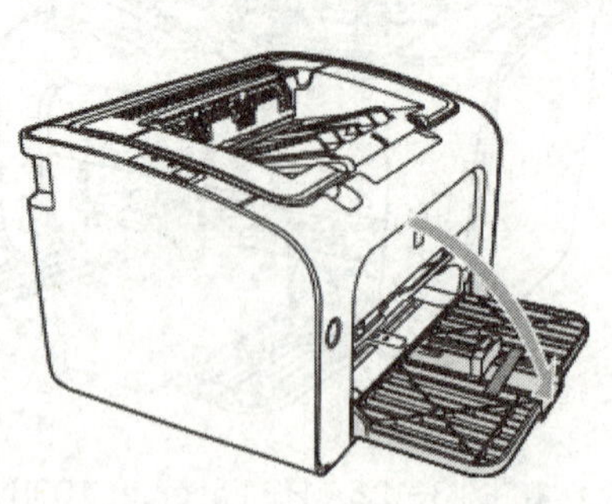

● 图 3—29　拉出主进纸盘

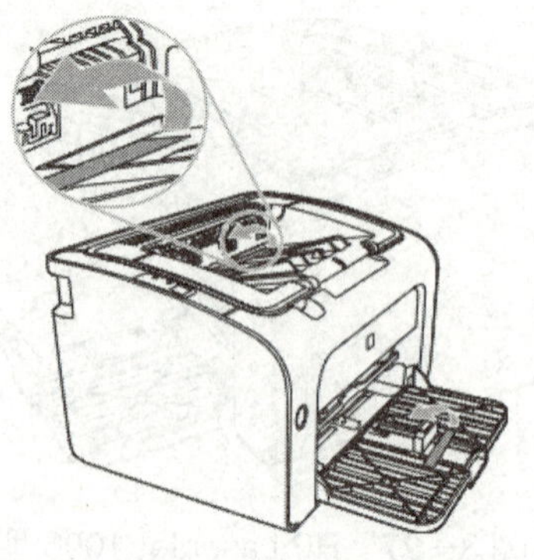

● 图 3—30　去除胶带

第二步：将出纸盘外翻，如图 3—31 所示，然后掀开打印碳粉盒的端盖，按图 3—32 所示的方向操作。

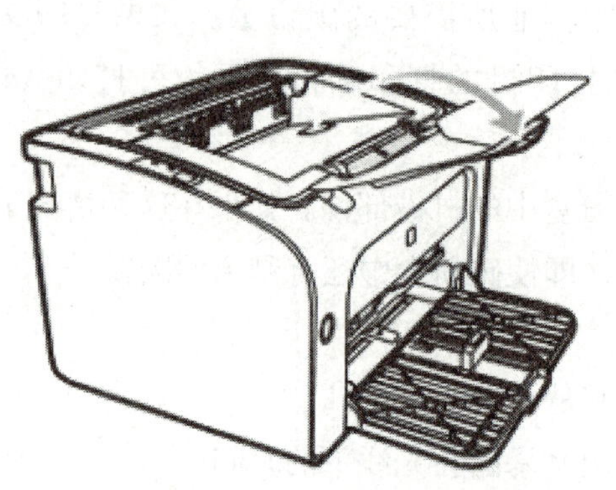

● 图 3—31　外翻出纸盘

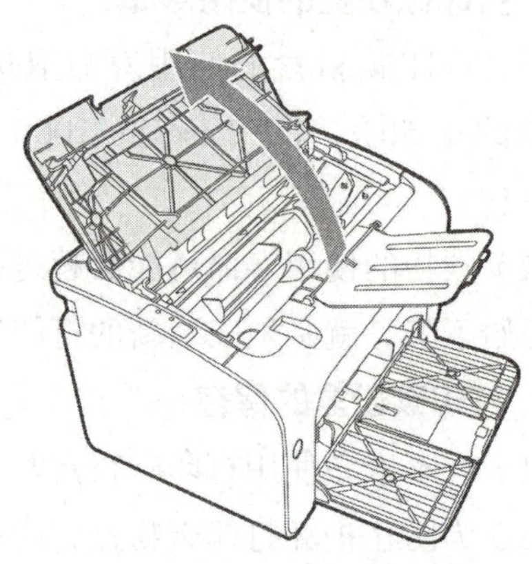

● 图 3—32　掀开打印机碳粉盒端盖

第三步：将硒鼓从硒鼓保护套中取出，如图 3—33 所示，然后将取出的硒鼓前后摇动数次，使硒鼓中的碳粉均匀分布在硒鼓中，如图 3—34 所示。

第四步：去除硒鼓上的保护胶带，如图 3—35 所示。将硒鼓放入打印机里，按图 3—36 所示的方向操作，然后闭合碳粉盒端盖，如图 3—37 所示。

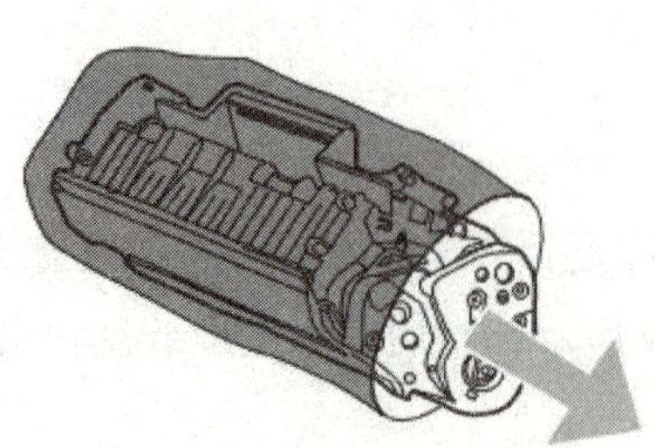

● 图 3—33　取出硒鼓

● 图 3—34　摇动硒鼓

第五步：调整主进纸盘标尺位置，将平整的打印纸放入主进纸盘，准备进行打印测试。连接打印机电源线，如图 3—38 所示。

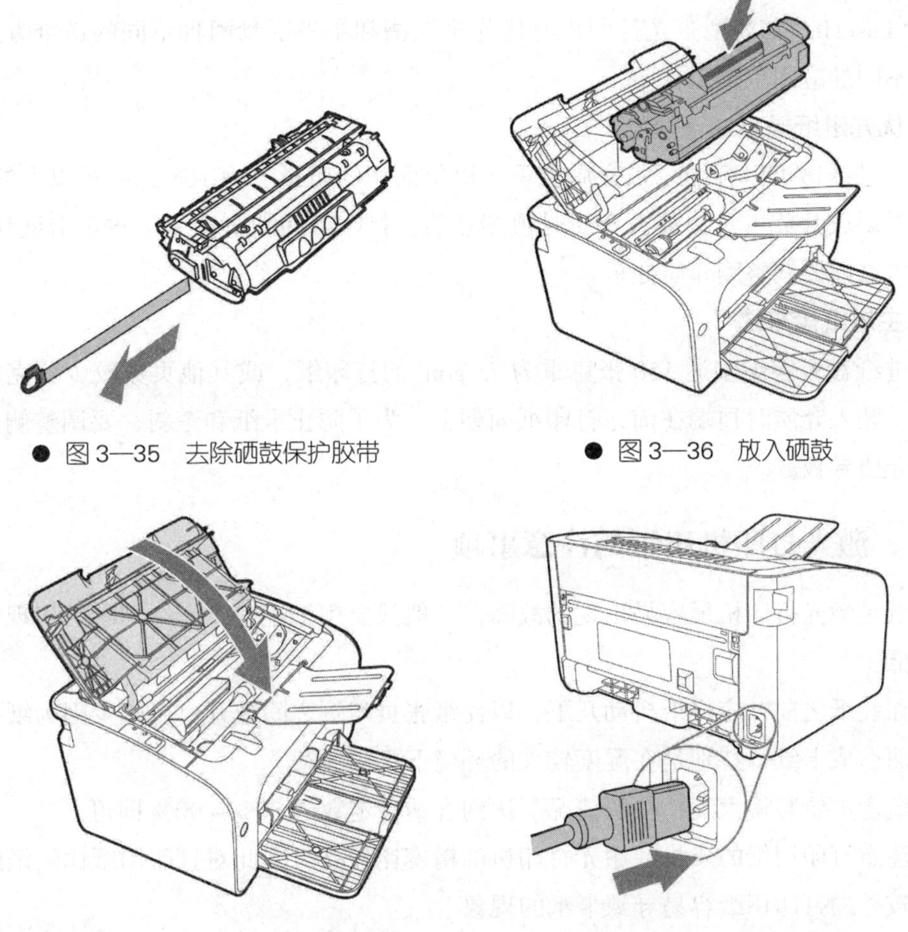

● 图 3—35　去除硒鼓保护胶带

● 图 3—36　放入硒鼓

● 图 3—37　闭合打印机碳粉盒端盖

● 图 3—38　连接电源线

二、驱动程序的安装

激光打印机驱动程序的安装步骤与一般软件相同。安装完成后可以选择打印打印机测试页，如果成功打印测试页，表明已正确安装了打印机。

任务三　激光打印机的使用

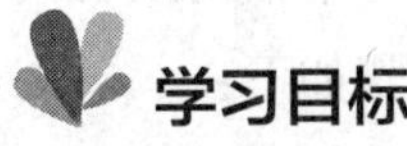

学习目标

1. 能够使用激光打印机进行不同类型文档的打印。

2. 了解激光打印机用纸的注意事项。

一、激光打印机的送纸方式

HP LaserJet 1008 型激光打印机有优先进纸槽和主进纸盘两种不同的送纸方式，分别具有不同的应用范围。

1. 优先进纸槽方式

优先进纸槽可以容纳一张介质克重（单位面积的质量）为 163 g/m^2 及以下的纸张、信封、投影胶片或卡片。装入介质时顶端在前，打印纸面朝上。为了防止卡纸和歪斜，装入介质之前要调整侧介质导板。

2. 主进纸盘方式

主进纸盘可容纳多达 150 张克重为 75 g/m^2 的打印纸，或其他页数较少、克重更重的介质。装入介质时顶端在前，打印纸面朝上。为了防止卡纸和歪斜，要调整侧介质导板和前介质导板。

二、激光打印机用纸的注意事项

卡纸是激光打印机最容易出现的故障，一般只要用纸正确，卡纸问题的出现概率会大大降低。

1. 在装纸之前，应将纸抖动几下，以使纸张页与页之间散开，以减少因为纸张之间的粘连而造成卡纸，特别是在湿度较大的环境下更应注意。

2. 纸盒不要装得太满，一般情况下达到容纳额定数的 80% ~ 90% 即可。

3. 注意打印用纸的质量。激光打印机的精度比较高，因此对打印用纸比较敏感，一些质量较差的打印用纸容易导致卡纸的现象。

大多打印机都有卡纸处理的应急方法，只要按照其说明正确处理，绝大部分卡纸故障都是可以排除的，切忌使用蛮力，这样反而会伤及打印机。

除此之外，还要注意不要在打印时拉动打印介质、移动打印机等。

实践操作

一、在特殊介质上打印

在 HP LaserJet 1008 型激光打印机上，可以使用优先进纸槽来打印一个信封或者其他特殊介质，使用主进纸盘打印多个信封或其他特殊介质，具体操作步骤如下：

第一步：在装入介质之前，将介质导板向外滑动，略宽于介质，如图 3—39 所示。

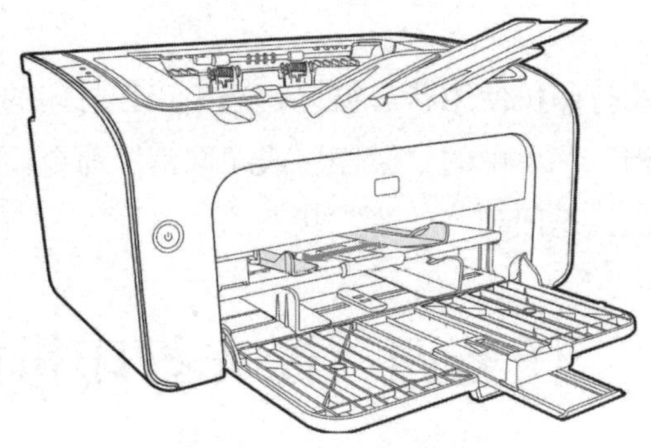

● 图 3—39　调整介质导板

第二步：将介质放入纸盘中，并将介质导板调整至正确的宽度，如图 3—40 所示。

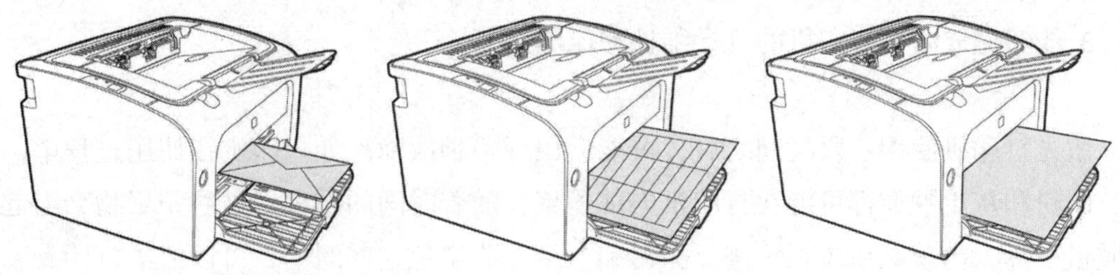

● 图 3—40　装入介质并调整介质导板

第三步：在打印机属性中的“纸张 / 质量”选项卡上更改纸张的尺寸和类型设置，完成打印。

二、双面打印（手动打印）

第一步：在打印机的优先进纸槽或主进纸盘中放入打印介质。

第二步：打印完一面后，从出纸槽中取出纸张，保持相同的送纸方向，将已经打印的一面朝下，插入优先纸盘或者主进纸盘，从而实现手动双面打印。

需要注意，过于频繁使用手动双面打印会使设备变脏，降低打印质量。

三、打印小册子

打印小册子和双面打印的方法类似，事先排好版后按双面打印的方法打印，再按骑马钉方式装订成册即可。

四、暂停或取消打印

第一步：用鼠标右键单击任务栏右侧的打印机图标，选择快捷菜单中的“打开所有

活动打印机”菜单项。

第二步：弹出默认的打印机使用状态窗口，选中正在打印的文件。

第三步：选择“文档”菜单中的“暂停”或“取消”命令。

过数秒钟后，打印机将返回到“就绪”状态。

任务四　激光打印机的维护与保养

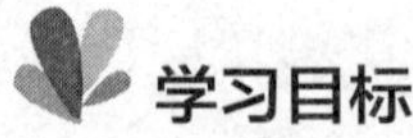

学习目标

1. 能够根据指示灯显示信息处理激光打印机使用过程中的常见问题。
2. 了解硒鼓保养的基本知识。
3. 能够完成激光打印机的日常维护和保养。

激光打印机使用一段时间之后，可能会出现各种故障。如打印机在使用过程中，介质、碳粉和灰尘颗粒都可能在打印机内部积聚，随着时间的推移，这些积聚物会引起打印质量下降，出现碳粉斑点污迹、涂污和卡纸。要避免这些问题，可以清洁打印碳粉盒区域和打印介质通道等。本任务的内容就是处理这些常见问题，完成激光打印机的维护和保养工作。

一、激光打印机指示灯显示

HP LaserJet 1008 型激光打印机的控制面板上，指示灯不同的显示具有不同的含义，详情见表 3—6。

表 3—6　　不同指示灯状态代表的含义

指示灯状态	打印机状态	对应操作
	就绪 打印机可以进行打印	无须进行任何操作
	正在处理数据 打印机正在接收或处理数据	正在打印 要取消当前作业，可按“取消”按钮

续表

指示灯状态	打印机状态	对应操作
⚠ 闪烁；⏻ 灭	打印碳粉盒端盖处于打开状态 卡纸 没有安装打印碳粉盒 缺纸 手动送纸或持续性的错误	关闭打印碳粉盒端盖 消除卡纸故障 安装碳粉盒 添加纸张 关闭并重新启动打印设备电源
⚠ 亮；⏻ 亮	设备出现不可恢复的错误	关闭设备，等待 10 s 然后开启设备，如故障仍无法解决，应联系售后服务人员

说明：○表示灯灭；●表示灯亮；☀表示灯闪烁。

二、激光打印机常见故障及解决办法

1. 打印文稿出现重影现象

故障原因：黑白激光打印机成像原理是通过加热组件对打印纸上的碳粉加热、加压，使碳粉紧密地附着在打印纸上。如果打印的文档出现重影，则可能原因有：使用纸张的质量问题，碳粉盒中碳粉的质量问题，打印机加热组件问题。

解决方法：首先换用质量较好的纸张重新打印，如果仍有重影，应确认碳粉是否为原装正品碳粉。如在使用高质量打印纸和原装碳粉仍然出现打印重影现象，那么故障原因就应是激光打印机加热组件表面受到破坏，碳粉沾到加热组件上，从而造成打印重影，需要联系厂家售后部门维修。

2. 打印机夹纸

故障原因：打印纸表面不平整，打印纸太薄或太多，取纸滚筒磨损，其他原因。

解决方法：首先应看打印纸是否有纸张卷曲或褶皱现象，如有，则换用表面平整、光洁的纸张。如果仍然夹纸，可选择 60 g 以上的打印纸，打印纸太薄将使打印机走纸变得困难，容易造成打印机夹纸。另外，一次装入打印纸叠不能太厚。取纸滚筒是激光打印最易磨损的部分，当进纸盘内纸张正常而无法取纸时，往往是取纸滚筒磨损或弹簧松脱，压力不够，不能将纸送入设备。取纸辊磨损，一时无法更换时，可用缠绕橡皮筋的办法进行应急处理。其他原因，如进纸盘安装不正确等，也可能造成夹纸或不能取纸的故障。

3. 打印机不进纸

故障原因：打印纸放入过多，异物堵塞，打印纸潮湿。

解决方法：首先检查一下打印纸的安装是否符合标准，然后查看打印机内部是否有异物堵塞，排除异物时一定要先将打印机电源关闭，然后小心取出异物。对于夹纸，必须沿出纸方向将其缓慢拉出，并保证将碎纸也清除干净。如果使用的打印纸表面潮湿，要烘干打印纸。

4. 打印时一次进多页纸

故障原因：打印纸位置不正，打印纸表面卷曲，静电感应，调节杆位置不正确。

解决方法：打印纸的位置放置不正确会导致进多页纸的情况，应将纸摆正。卷曲也会导致一次进多页纸，为此必须确保打印纸表面平整光滑，如果稍有卷曲，可以展平后使用。静电感应也会造成一次进多页纸，在放置打印纸之前，应先将打印纸以扇形方式摊开，确保每张纸可以单独分离，消除静电。对于具有纸厚调节功能的打印机来说，在使用不同的纸质时，纸厚调节杆的位置也是不一样的，如在使用常规厚度的打印纸时，必须将调节杆的位置设为“0”。不同打印机调节杆的调节标准不同，应参考使用手册进行设置。

5. 打印机乱走纸

故障原因：当打印到某一页时突然空走一段纸，然后又自动接着打印下去。这往往是因为打印机使用时间过长，纸张检测开关触点由于磨损和进入灰尘而接触不良，导致打印机做出错误的判断。

解决方法：拆开打印机，找到纸张的检测开关，用酒精仔细清理干净，即可恢复正常。

三、硒鼓的保养

硒鼓是一个非常敏感的部件，在使用的过程中一定要注意以下几点，才能保证激光打印机的正常使用。

1. 不要将硒鼓直接暴露在阳光或者其他强光源之下。

2. 把硒鼓从打印机上移走后，应立刻把它放回包装盒或用较厚的软麻布包起来。

3. 硒鼓温度较低时，应在室温下搁置 1 h 以上再使用。

4. 硒鼓挡光板用于屏蔽外部的光源，以保护感光硒鼓。因此，不要打开硒鼓挡光板。

5. 不要用手碰硒鼓的表面，要防止硒鼓表面被硬物划伤。

6. 不要把硒鼓放置在高温、高湿的地方。

7. 确保硒鼓远离显示器、硬盘驱动器、软盘驱动器或任何其他有磁性的物质。

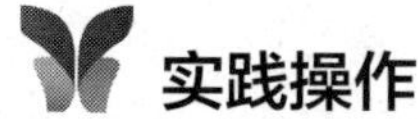

实践操作

一、清洁打印碳粉盒区域

第一步：关闭打印机，然后拔下电源线，等待打印机冷却，打开碳粉盒端盖，取出碳粉盒。要注意，不要碰触设备内黑色海绵传送滚筒，以免损坏设备。为了防止损坏碳粉盒，应将它置于阴暗处，并用一张纸盖住。

第二步：用一块干燥的无绒布擦去打印碳粉盒凹陷处中的残留物。

第三步：重新安装碳粉盒，并关闭碳粉盒的端盖，将打印机电源插头插入电源插座，然后打开打印机。

二、清洁打印机纸张通道

如果打印出的纸张上有碳粉斑点或污点，如图 3—41 所示，则需要清洁纸张通道。进行清洁时，可使用一张投影胶片，将灰尘和碳粉从纸张通道中清除，在清洁时不要使用证券纸或粗糙纸。具体操作步骤如下：

第一步：确保打印机处于“就绪”指示灯点亮状态。

第二步：将投影胶片装入进纸盘。如果没有投影胶片，则可以用表面光滑的复印级介质。

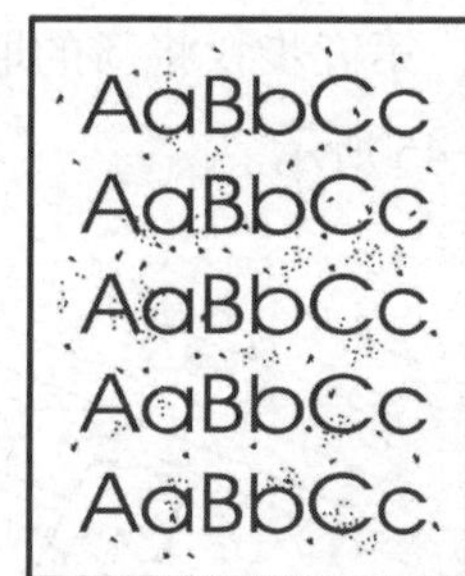

图 3—41 有污点输出

第三步：用鼠标右键单击任务栏右侧的打印机图标，在“属性”设置中找到“清洁页面”功能，打印清洁页。

注意：此清洁过程大约需要 2 min。在此期间，清洁页会不时停止，在清洁过程完成前，不要关闭设备。可能需要反复几次，以全面清洁设备。

三、更换取纸滚筒

打印机长期使用后，如果经常发生取纸错误，就需要更换取纸滚筒。

第一步：关闭打印机，然后拔下打印机的电源线，等待打印机冷却，打开碳粉盒端盖，取出碳粉盒。

第二步：找到取纸滚筒，如图 3—42 所示。

第三步：松开取纸滚筒两侧白色小压片，将取纸滚筒向前方旋转，如图 3—43 所示。

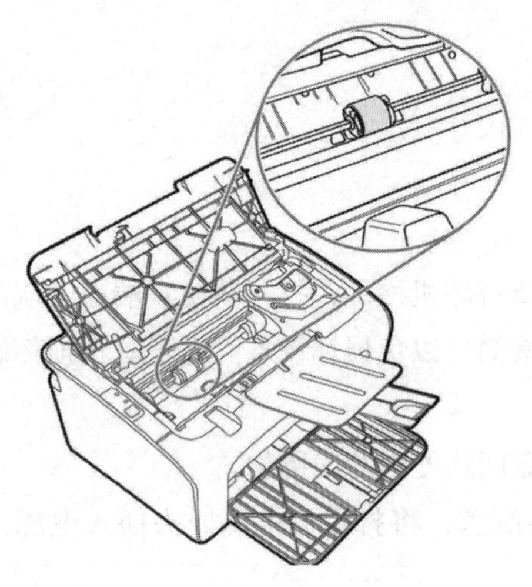

● 图3—42　找到取纸滚筒

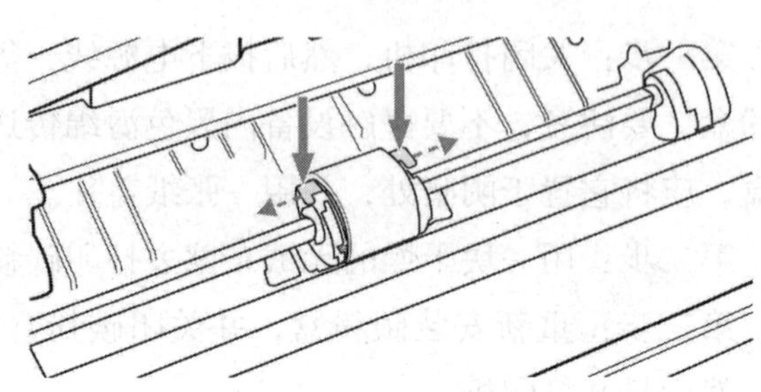

● 图3—43　松开取纸滚筒

第四步：轻轻地向上、向外拉出取纸滚筒，如图 3—44 所示。

第五步：将新的取纸滚筒放入纸槽，注意与每一侧的圆形和矩形槽口相适应，如图 3—45 所示。

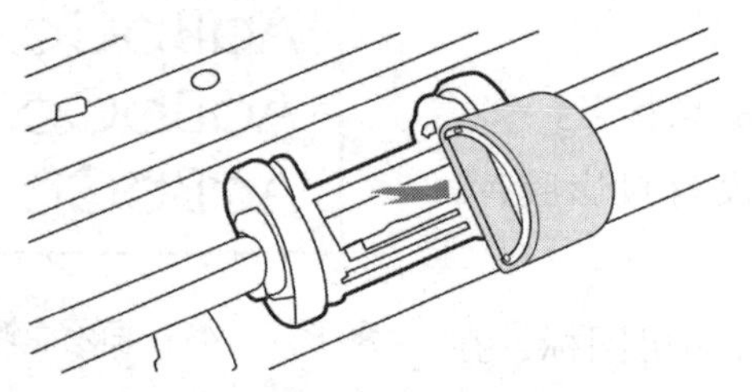

● 图3—44　取出旧的取纸滚筒

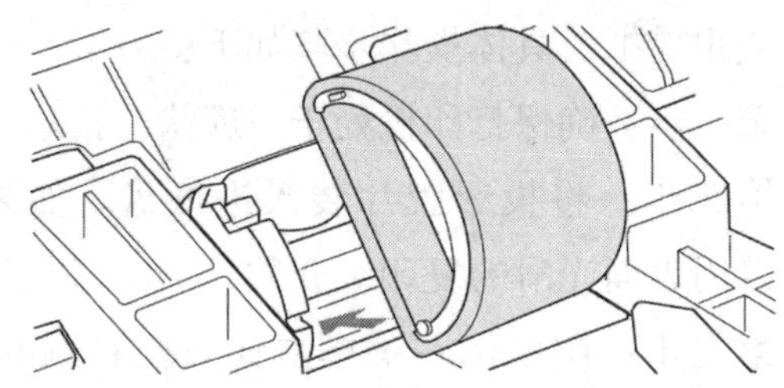

● 图3—45　换上新的取纸滚筒

第六步：将新的取纸滚筒的顶部向远离用户的方向旋转，直到两侧均卡入到位，如图 3—46 所示。

第七步：重新安装碳粉盒，并关闭碳粉盒的端盖。将打印机电源插头插入电源插座，然后打开打印机。

四、清洁取纸滚筒

第一步：按更换取纸滚筒操作中所述方法取出取纸滚筒。

第二步：用一块无绒布蘸上酒精，擦洗滚筒。

第三步：使用干燥的无绒布擦去取纸滚筒上的浮尘。

第四步：先让取纸滚筒完全风干，然后再将其重新装入设备，如图 3—47 所示。

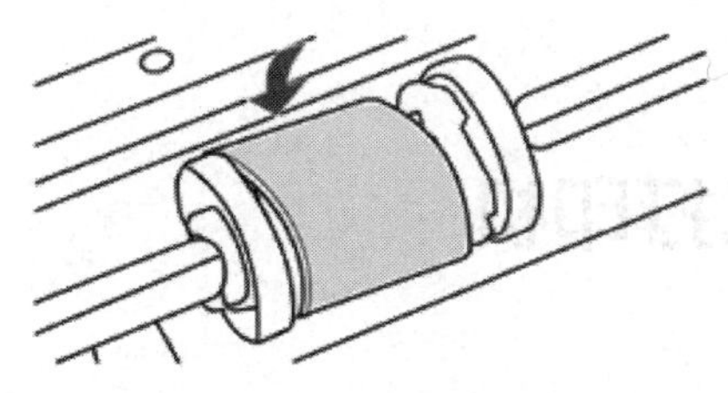

● 图 3—46　固定取纸滚筒

● 图 3—47　完全风干后装入设备

五、更换打印机的分离垫

如果打印机经常多页共进，则说明可能需要更换打印机分离垫，应按下面的操作步骤进行：

第一步：关闭打印机，然后拔下打印机的电源线，等待打印机冷却。

第二步：在打印机背面，卸下固定分离垫的两个螺钉，如图 3—48 所示。

第三步：取出分离垫，如图 3—49 所示。

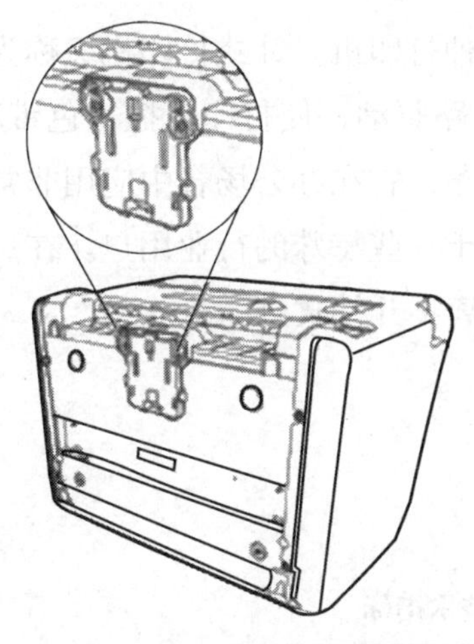

● 图 3—48　卸下分离垫螺钉

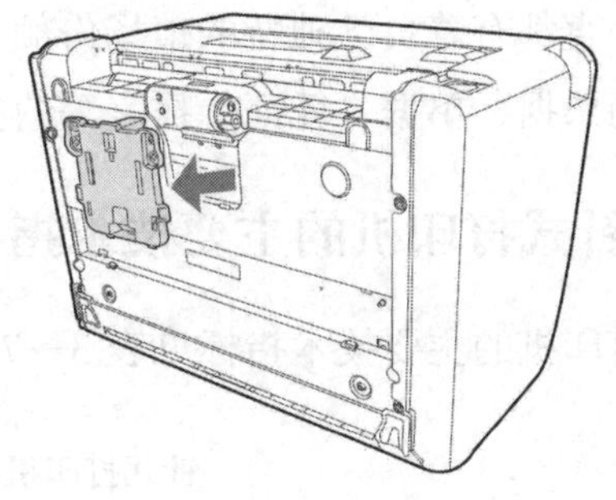

● 图 3—49　取出分离垫

第四步：插入新的分离垫，然后使用螺钉固定。

第五步：将打印机电源插头插入电源插座，然后打开打印机。

应注意，更换分离垫应在清洁取纸滚筒之后进行。

六、摇匀碳粉

碳粉量很少时，打印页上会出现褪色或淡色区域，这时可通过摇匀碳粉短时间改进打印质量。

第三节　针式打印机

任务一　针式打印机的认识

学习目标

1. 了解针式打印机的功能特点。
2. 了解针式打印机的技术指标。
3. 能够依据使用需求选购合适的针式打印机。

一、针式打印机的功能特点

针式打印机是应用最早、使用最为广泛的一种打印机。针式打印机又称为点阵式打印机，属于击打式打印机的一种，利用机械和电路驱动，使打印针撞击色带和打印纸，在纸上打印出点阵组成字符或图形来完成打印任务，它在办公场合中应用非常广泛。针式打印机一直都有着自己独特的市场份额，服务于一些特殊的行业用户。在一般账务应用中特有的票据、单据、凭证、报表等的打印都离不开针式打印机。

二、针式打印机的主要技术指标

针式打印机的主要技术指标见表 3—7。

表 3—7　　针式打印机的主要技术指标

技术指标	主要参数
打印方式	24 针（宽行和窄行）、7 针、9 针
打印速度	220 字符 /s、440 字符 /s、150 字符 /s、750 字符 /s
纸张规格	宽度：单页纸 100 ~ 420 mm、连续纸 101.1 ~ 406.4 mm
	厚度：0.065 ~ 0.52 mm
进纸方式	摩擦进纸、孔式进纸、平推进纸
最大复写能力	5 份（1 份原件 +4 份复制）；6 份（1 份原件 +5 份复制）；4 份
接口	IEEE1394 双向并行接口、USB 接口、RS–232 接口、RS–485 接口

三、选购针式打印机的注意事项

目前，针式打印机用户主要为行业用户，选购时要针对不同的用途，选择主流产品。

1. 明确自身的应用需求

不同的应用领域需要选购不同的针式打印机。针式打印机可分为通用针式打印机和专用针式打印机两大类。通用针式打印机就是最为常见的滚筒式打印机，而专用打印机则指有专门用途的平推式打印机，如存折打印机、票据打印机等。

2. 注意产品的性能指标

一般在打印票据或报表的时候，票据或报表往往需要一式数份，同时要打印多联，需要复制能力强的针式打印机。在一些窗口行业，打印业务强度高、负荷大，打印速度高的打印机可提高工作效率。

3. 注意产品的可靠性

在打印头寿命方面，好的针式打印机一般采用全新高密度、高耐磨打印头，这种打印头结构设计紧凑，并加强了散热功能，具有高复制能力和较长的寿命。好的打印头的使用寿命可高达 4 亿次 / 针，而整机平均无故障时间长，也代表着打印机的可靠性高。好的针式打印机整机平均无故障时间一般可达 10 000 h。

针式打印机的使用寿命是所有用户都非常关心的问题，色带的寿命也是用户应考虑的因素，大容量、长寿命色带能够大大降低耗材费用。影响色带寿命的原因有色带芯的质量、色带盒的大小、色带的长短等。

4. 考虑纸张的适应能力

打印机经常需要打印不同的纸张介质，要求用户在选购时要考虑购买纸张适应能力强的机型，可以大大提高打印机的使用率。

5. 选择具有良好售后服务的产品

除去产品的品质和价格因素，厂家的售前、售中、售后服务质量，往往关系到设备能否长期良好地运行，因此这也是选购时应着重考虑的一项指标。

任务二 针式打印机的安装

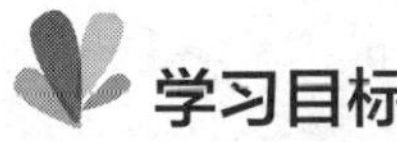

学习目标

1. 了解针式打印机的安装环境要求。
2. 了解针式打印机的各部件及功能。

3. 能正确安装针式打印机。

新购买的针式打印机，大多数情况下都会由销售公司的技术人员进行安装，对于一些特殊部门，如销售公司的技术人员不便现场进行安装调试，也可以依据打印机随机附带的用户手册自行安装。

一、针式打印机安装环境的选择

根据针式打印机对环境的要求，安装位置的选择要注意以下几个问题。

1. 针式打印机工作的房间要保持清洁，空气中不能含有酸、碱、油类以及金属粒子，尽可能地减少灰尘。

2. 旋转针式打印机的工作台必须稳固无震动，避开火炉、暖气片等发热装置，避免阳光直射。

3. 避免在较强电场中使用针式打印机，还应注意远离扬声器、无线电话机等设备。

4. 针式打印机的工作环境温度约为 5 ~ 40℃，温度变化率应小于每小时 10℃；工作环境湿度约为 30% ~ 85%，不结露。

5. 供电电源的电压要稳定，最好接入交流稳压电源，避免与大型电动机、电冰箱、空调等大功率或有干扰的电器使用同一电源。

二、针式打印机各部件名称及功能

下面以 OKI 6300F 型针式打印机为例来说明打印机各部件及其功能，如图 3—50 所示为其正面，如图 3—51 所示为其背面。

该型针式打印机正面的部件及功能见表 3—8。

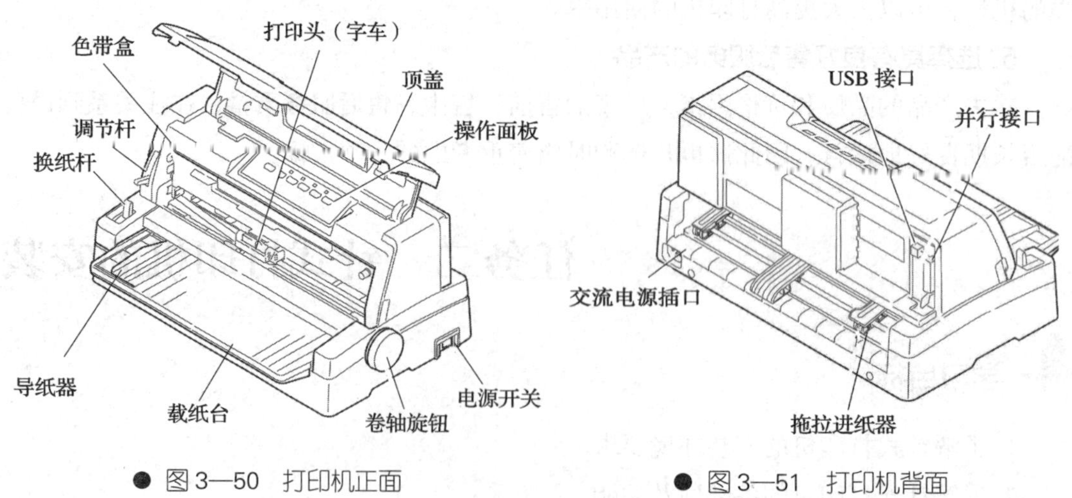

● 图 3—50　打印机正面

● 图 3—51　打印机背面

表 3—8　　　　　OKI 6300F 型针式打印机正面部件及功能

部件名称	功能
色带盒	内装打印所需要的色带
打印头（字车）	打印字符的部分
调节杆	根据用纸厚度调节分挡值
顶盖	在更换色带盒时开启或关闭
换纸杆	根据用纸的规格进行切换
操作面板	操作打印机所需要的按键和指示灯
导纸器	确定单页纸左端位置的支架，通过左右移动可以调整左端打印纸的位置
载纸台	手动放置单面纸的台面
卷轴旋钮	卷出用纸
电源开关	开启 / 关闭电源

该型针式打印机背面的部件及功能见表 3—9。

表 3—9　　　　　OKI 6300F 型针式打印机背面部件及功能

部件名称	功能
USB 接口	插入 USB 连接线的接口
并行接口	插入并行数据线的接口
交流电源插口	插入电源导线的插口
拖拉进纸器	完成连续纸送纸

实践操作

针式打印机的安装是非常简单的，只要在安装前仔细阅读用户手册，按照用户手册的安装步骤和要求，就可以完成针式打印机的安装工作。

OKI 6300F 针式打印机具体的安装步骤如下：

第一步：放置打印机。打印机必须放置在水平而稳定的平台上，为了便于日常工作与维护，打印机四周要预留出足够的空间，同时放置的位置要靠近计算机。

第二步：去除固定用止动器。打开顶盖，用双手握住顶盖右侧的手柄，按图 3—52 中箭头方向将其打开，再按图 3—53 中所示的箭头方向，将止动器拆下，再关闭顶盖。

第三步：安装载纸台。将载纸台左右两侧的卡爪沿导纸板下部，按图 3—54 中的箭头所示的方向，接入插槽，将载纸台按图 3—55 中箭头所示的方向旋转，向下压直至锁住为止。在进行这一步操作时，应轻拿轻放，小心用力，防止损坏。

第四步：安装色带盒。关闭电源开关，将电源开关置于 OFF 处，将调节杆置于“更换色带”位置后，双手握住顶盖左右两侧，将顶盖打开。将传动机构移到色带更换位置的盖罩切口处，如图 3—56 所示。

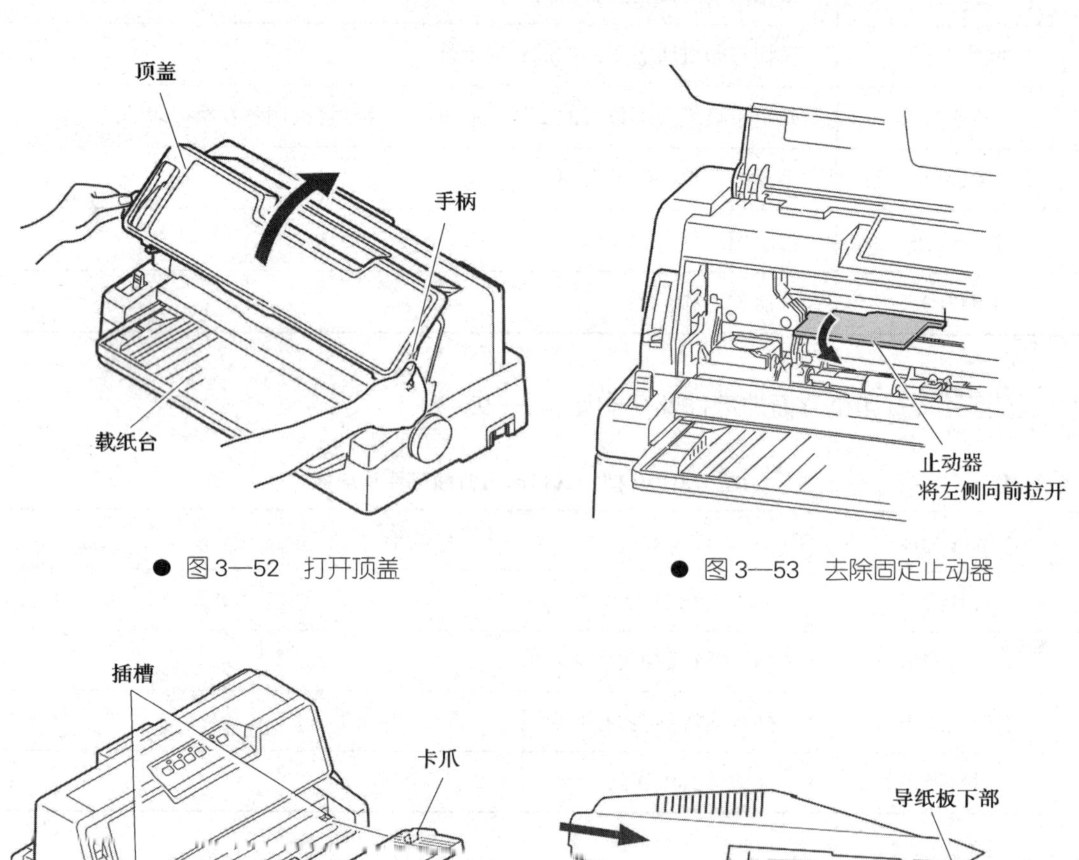

● 图 3—52　打开顶盖

● 图 3—53　去除固定止动器

● 图 3—54　插入载纸台

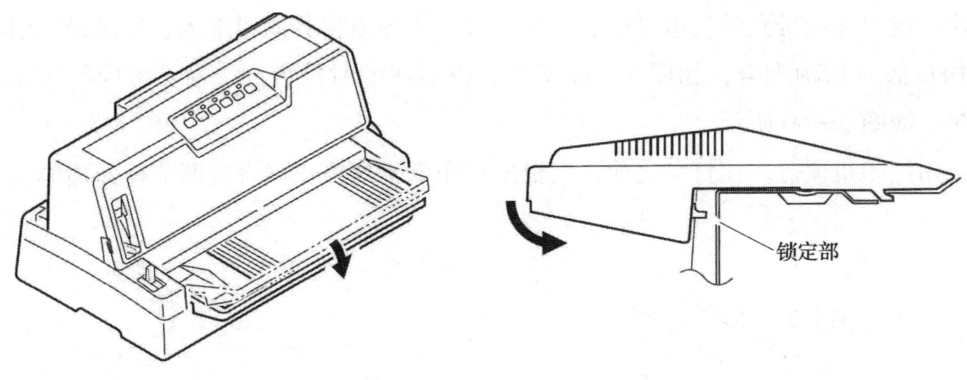

● 图 3—55　旋转锁定

拿出色带盒，除去色带盒的外包装纸，其内部结构如图 3—57 所示，沿着如图 3—58 箭头所指示的方向，将色带两端的定位销插入打印机的 U 形支架定位槽，直到其吻合不动为止。

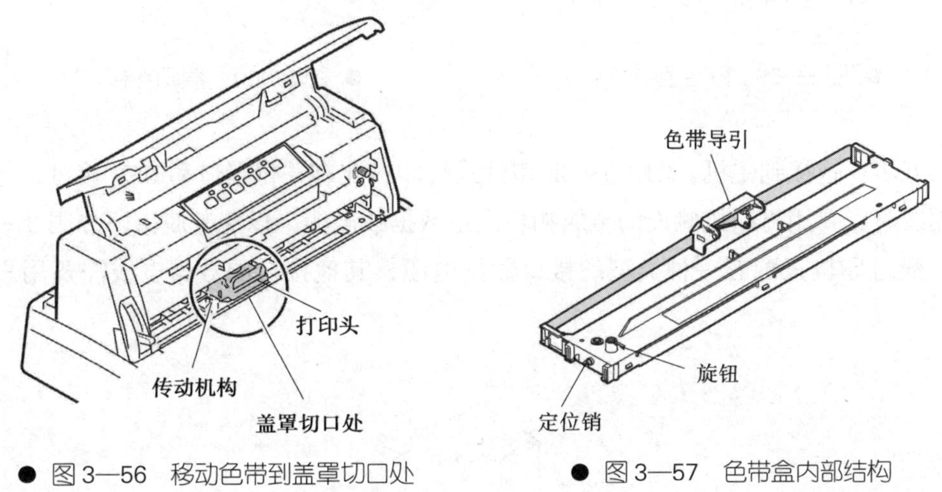

● 图 3—56　移动色带到盖罩切口处

● 图 3—57　色带盒内部结构

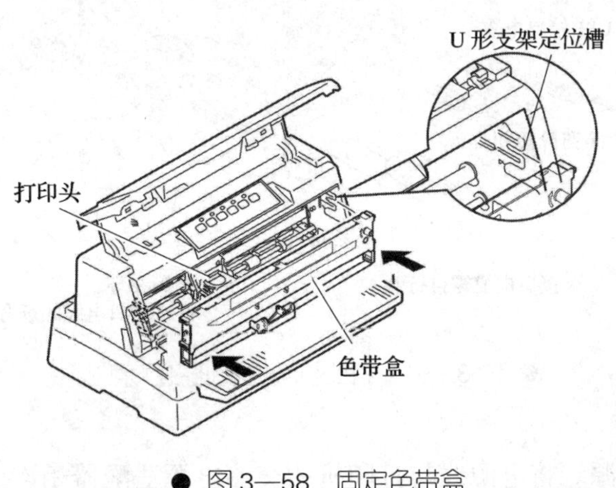

● 图 3—58　固定色带盒

用手指捏住色带盒的色带导引，从斜上方沿着导轨将其向里推入，使色带导引与传动机构顶部 U 形沟吻合，如图 3—59 所示。将旋钮顺时针方向（箭头方向）转动，卷紧色带，如图 3—60 所示。

关闭打印机顶盖。在打印之前，应根据打印纸张规格正确设置调节杆分挡值。

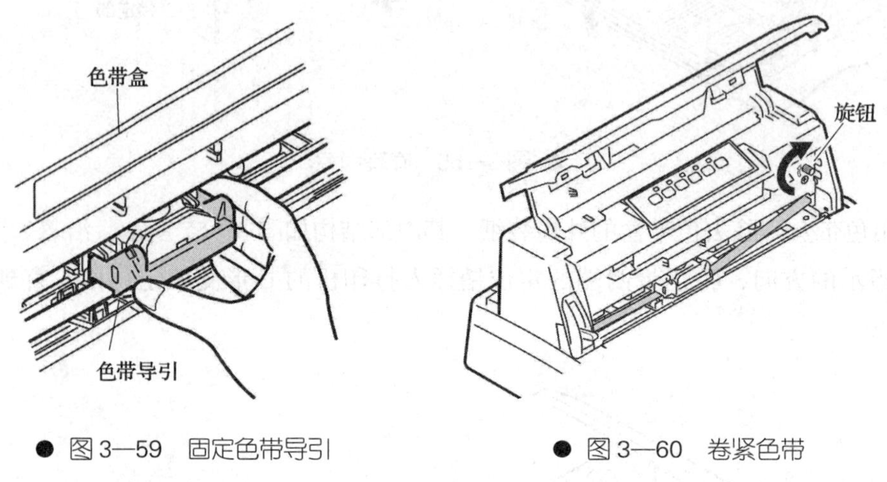

● 图 3—59　固定色带导引　　　● 图 3—60　卷紧色带

第五步：连接到主机。OKI 6300F 型针式打印机配有并行接口和 USB 接口，连接接口数据线时，要用打印机侧面的金属扣环固定数据线电缆，以免其脱落，如图 3—61 所示。一般打印机只配有一种类型的接口数据电缆，其他接口的数据电线需要用户自行购买。

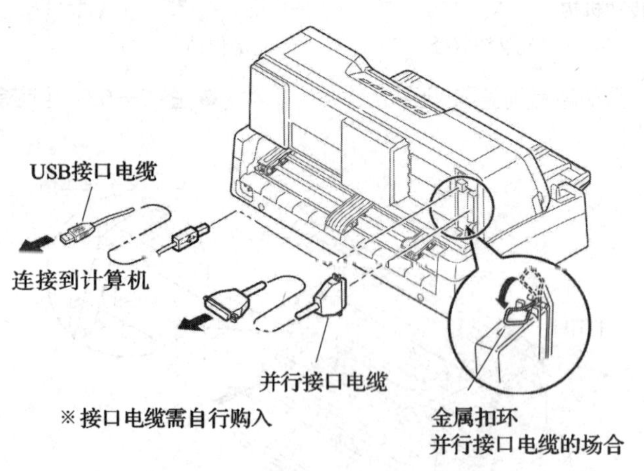

● 图 3—61　打印机与主机连接示意图

第六步：连接电源。将电源线与打印机的交流电源适配器相连接。将电源线的插头插入插座中，再将打印机电源开关置于 ON 处，确认“电源”指示灯点亮。

第七步：安装驱动程序。OKI 6300F 型针式打印机可配合装有 Windows XP、Windows 7 等操作系统的计算机使用，随打印机附带的光盘中包括打印机的驱动程序以及相应的帮助文档。具体操作步骤如下：

首先用 USB 数据线连接打印机和计算机相应接口后，将打印机电源打开，计算机会自动发现新硬件，并出现“找到新硬件向导”对话框，如图 3—62 所示，选择“否，暂时不”项，单击“下一步”按钮，如图 3—63 所示，选择“从列表或指定位置安装（高级）”，单击“下一步”按钮。

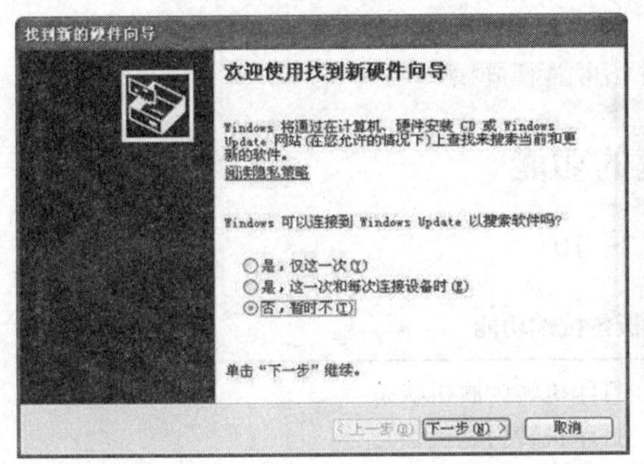

● 图 3—62　找到新硬件向导

● 图 3—63　安装软件

然后将驱动光盘放入计算机中，选择从光盘进行安装，依据相应提示进行。

第八步：打印测试。打印测试是检测打印机能否正常使用的一个重要步骤。打印测试之前，首先要确定已正确连接打印机和计算机，并确定是否安装了符合系统需求的打印机驱动程序。

任务三　针式打印机的使用

学习目标

1. 了解针式打印机的操作面板各按键的功能。
2. 能够使用针式打印机进行文档打印。
3. 能够完成针式打印机的基本设置。

一、针式打印机操作面板

在 OKI 6300F 型针式打印机的显著部位，装有打印机操作控制面板，如图 3—64 所示。

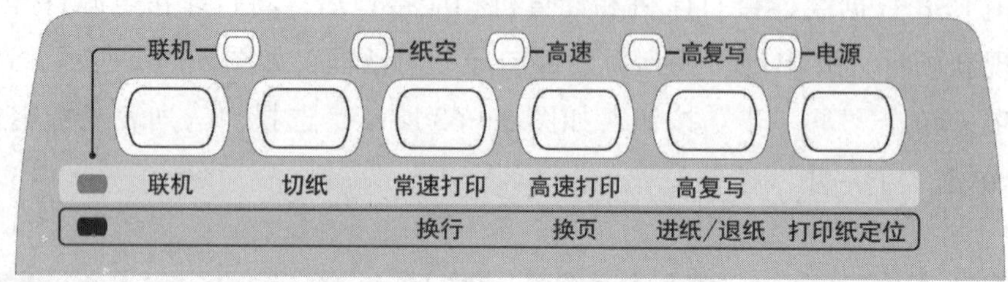

● 图 3—64 打印机操作面板

二、针式打印机操作面板各按键的功能

针式打印机操作面板各按键的功能见表 3—10。

表 3—10 **打印机操作面板各按键功能**

按键	功能
联机	联机状态时，按下此按键，打印机转为脱机状态 脱机状态时，按下此按键，打印机转为联机状态
切纸	联机状态时，按下此按键，连续纸模式下，将连续纸送到切纸位置，再次按此按键或接收数据后恢复到原来位置；手动插入单页纸模式时，按键无效
常速打印 换行	脱机状态时，按住此开关并按下“联机”“高速打印 / 换页”“打印纸定位”等各开关，便可改变开关的功能
高速打印 换页	脱机状态时，按下此按键，换一行；持续按此按键，则连续换行 联机状态时，按下此按键，设定为高速打印。脱机状态时，按下此按键，连续纸模式时，连续纸进纸直至下页第一行为止；手动插入单页模式时，排出单页纸
高复写 进纸/退纸	联机状态时，按下此按键，设定为高复写打印模式 脱机状态时，按下此按键，连续纸模式时，在拖拉进纸器放置连续纸后按此开关，连续纸被自动送至首行打印位置，有连续纸时，使连续纸退至拖拉进纸器的位置；手动插入单页纸模式时，在单页纸进纸时按下此开关，单页纸被排出
打印纸定位	联机状态时，此按键无意义 脱机状态时，按下此按键，手动插入单页纸模式时，若有打印纸则将其位置作为首字符打印位置而设置，若无打印纸则解除用上述方法所设定的首字符打印位置的值，将菜单设定的打印纸起始位置作为首字符打印位置而设置；连续纸模式时，若有打印纸则将其位置作为打印纸格式的第一行而设置；无打印纸时无效

续表

切纸 联机 （压缩）	联机状态时，此按键无意义 脱机状态时，按下此按键设定压缩打印模式，可切换无压缩、75% 压缩、50% 压缩三种模式
切纸 常速打印/换行 （逆向微量退纸）	联机状态时，此按键无意义 脱机状态时，按下此按键，有打印纸时，逆向微量退纸
切纸 高速打印/换页 （正向微量进纸）	联机状态时，此按键无意义 脱机状态时，按下此按键，有打印纸时，正向微量进纸
切纸 打印纸定位 （首字符位置调整）	联机状态时，此按键无意义 脱机状态时，按下此按键，保存设定的打印纸起始位置

三、针式打印机的使用注意事项

1. 认真阅读打印机操作手册，做到正确设置开关按钮、正确使用操作面板、正确装纸等，避免错误操作带来故障。

2. 定期清洗打印头。打印头结构精密，较昂贵。由于打印头经常接触色带上的油墨、纸屑以及灰尘，所以打印头前端很容易被堵塞，影响打印效果，甚至断针，所以要定期清洗。

3. 定期清洁和润滑打印机。要经常用小毛刷清扫并吹除打印机内的纸屑和灰尘；保持打印机的外观清洁，避免污物进入打印机内部，各转轴和传动齿轮也要保持清洁，阻力过大时可加少量的高级润滑油。

4. 正确调整打印头和打印字辊之间的间隙。点阵打印机有一个调整纸厚的开关，在打印不同层的纸时，调节杆具体位置根据打印机操作手册设定。

5. 打印颜色变浅时需要更换色带，不要强行调节针距或加重打印，以免造成断针。

6. 不要强力操作。出现卡纸时，不要强行拉纸或按进 / 退纸按键，只要搬动单页 / 连续纸转换杆，轻轻拉出被卡住的纸张即可。

7. 要正确接插打印机。要断电插、拔数据电缆插头，以防烧毁接口元件。

8. 切勿带“病”工作。即使出现一些不是很影响打印的故障，也不要让打印机继续工作，以防造成更加严重的故障。

实践操作

使用针式打印机进行打印，在计算机上的操作依软件的不同而各有区别，通常是通过菜单逐级选择“打印”命令，或直接单击打印快捷按钮，并在打印机列表中选择所连接的打印机名称，完成各项设置后向打印机发出打印指令。具体操作的要点，在于纸张的放置和排出。

一、使用单页纸

1. 单页纸的放置

第一步：将电源开关置于 ON 位置。如果正在使用连续纸时，将连续纸排出。将换纸杆置于单页纸处，如图 3—65 所示。将导纸器置于单页纸的左端位置，如图 3—66 所示。

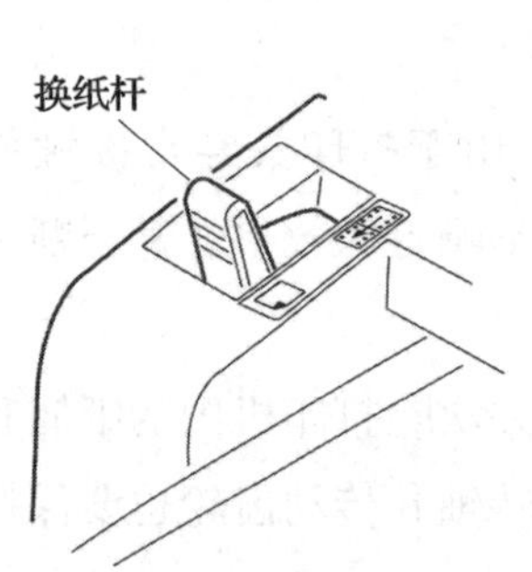

● 图 3—65　换纸杆置于单页纸

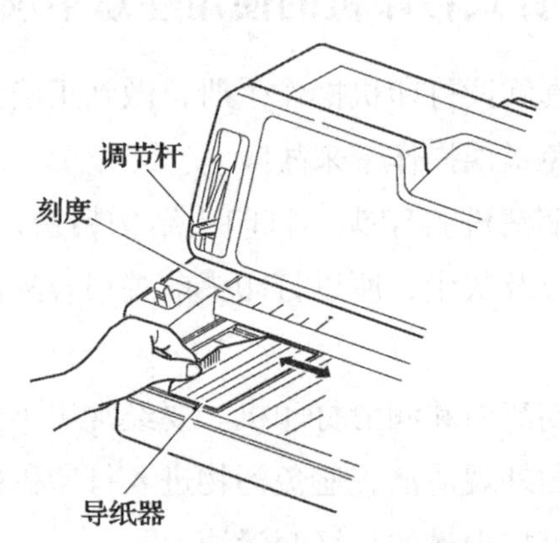

● 图 3—66　导纸器置于单页纸的左端位置

第二步：调整调节杆的刻度位置，使之符合正在使用的打印纸规格。将打印纸的打印面朝上，并将其按图 3—67 所示的箭头方向，左端对齐导纸器，笔直插入，直至其抵达内部尽头，大约 1 s 后单页纸被自动吸入。

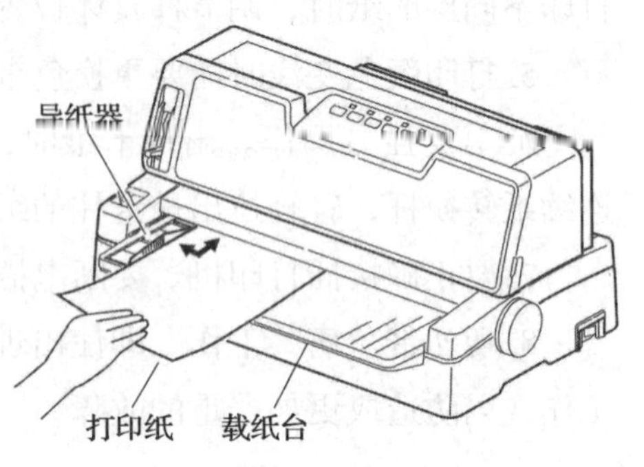

● 图 3—67　放置单页纸

2. 单页纸的排出方法

按“联机”开关，进入脱机状态。持续按住“高复写 / 进纸 / 退纸”开关，打印纸自动排出到载纸台。

二、使用连续纸

1. 放置连续纸

第一步：打开打印机开关，将电源开关置于 ON 位置。将换纸杆设定于连续纸位置，再调整调节杆的刻度位置，使之符合正在使用的打印纸规格。

第二步：按图 3—68 所示的箭头方向，拉起左侧拖拉进纸器的锁定杆，调整横向打印位置。调整好后，按下锁定杆固定。

第三步：拉起右侧拖拉进纸器的锁定杆，按图 3—69 所示的箭头方向，根据连续纸的宽度移动右侧拖拉进纸器，后部导纸器和左右拖拉进纸器等间距移动。

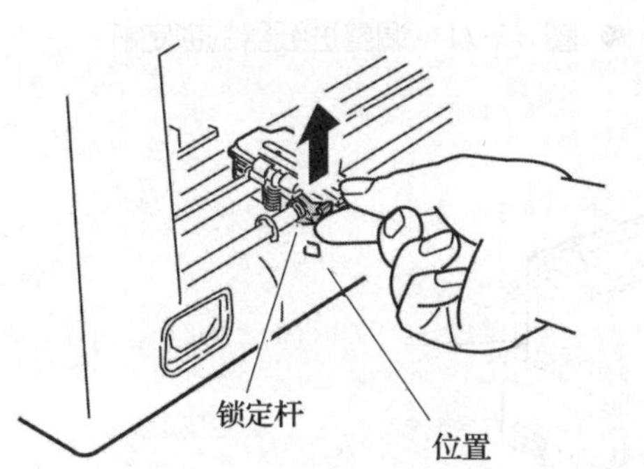

● 图 3—68　调整左侧进纸器的锁定杆

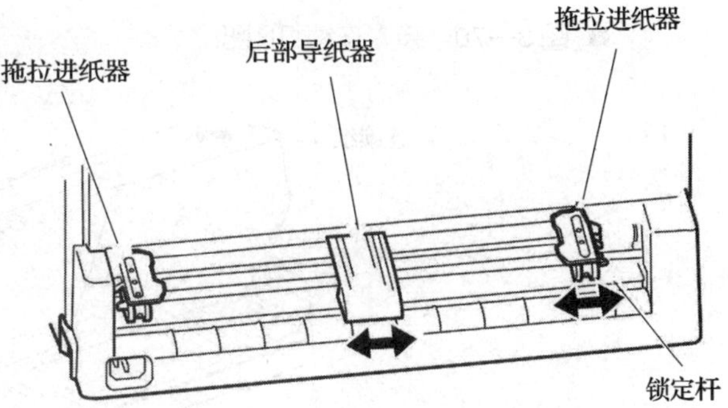

● 图 3—69　调整右侧进纸器的锁定杆

第四步：按图 3—70 所示的箭头方向，打开左右拖拉进纸器盖装入连续纸，然后关闭拖拉进纸器盖。要注意左右链状孔与链状突脚位置不要错位。

第五步：根据连续纸的宽度调整右侧拖拉进纸器，然后按下锁定杆将其固定，如图 3—71 所示。

第六步：按“高复写 / 进纸 / 退纸”开关，连续纸被自动吸入，直至到达第一行打印位置为止，“联机”指示灯点亮。

2. 连续纸的排出

第一步：在“联机”指示灯亮的状态下，按下“切纸”开关，在后部拖拉进纸模式下，连续纸被送出到载纸台上。按图 3—72 所示的箭头方向，从撕纸缝处切下连续纸。

第二步：再按一次“切纸”开关，连续纸回到原来位置。

三、调整打印纸纸顶位置

第一步：先设定打印机的菜单，确认进行调整的打印纸模式（单页纸或连续纸）的“纸顶位置”为“6.35 mm（3/12 in）”。

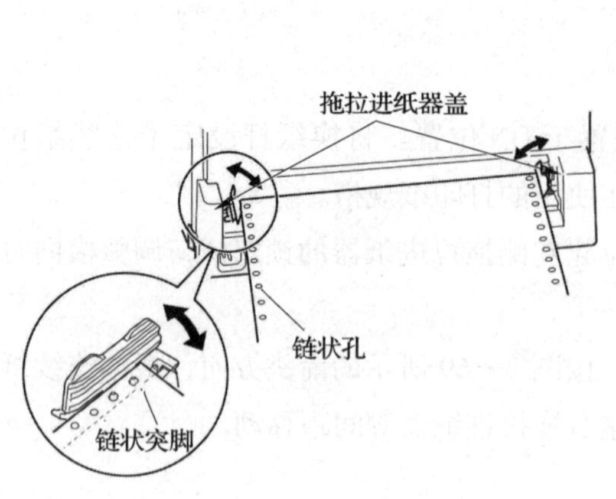

● 图 3—70　装入连续打印纸

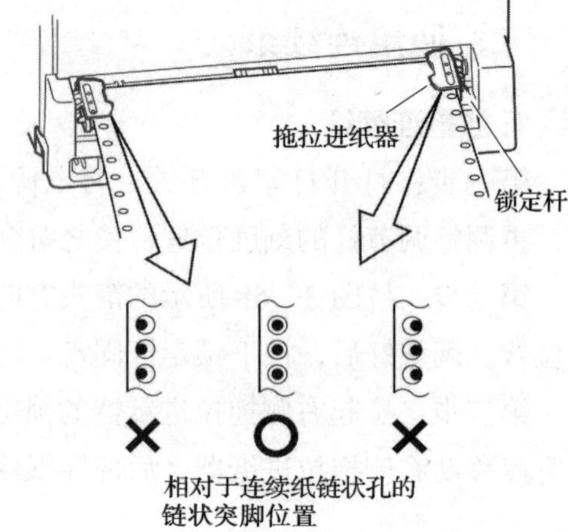

● 图 3—71　调整进纸器的锁定杆

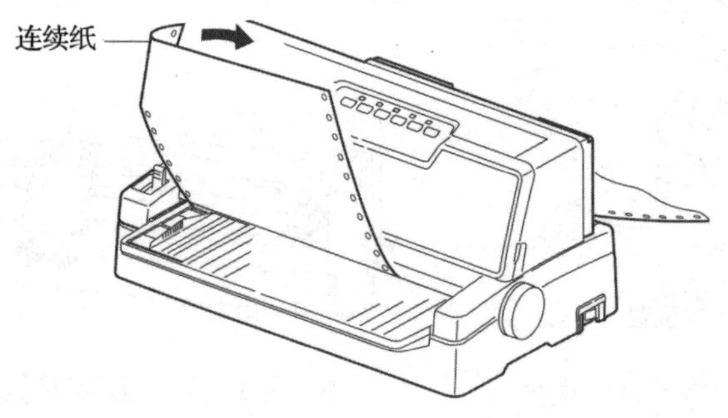

● 图 3—72　切下连续打印纸

第二步：移动换纸杆，选择设定打印纸模式。

第三步：使用连续纸时，将打印纸放置于拖拉进纸器。

第四步：按“高复写 / 进纸 / 退纸”开关。手动插入单页纸时，按住开关将打印纸放置于载纸台。

第五步：对准首行文字的打印位置。在脱机模式下，按以下开关调整首行文字位置。正向微量进纸：按住“切纸”开关，按“高速打印 / 换页”开关；逆向微量进纸：按住“切纸”开关，按“常速打印 / 换行”开关。

第六步：打印纸顶端位置成为基准位置，松开“切纸”开关，新的打印纸顶端位置保存在打印机设置中。

四、常速打印、高速打印、高复写打印的设定

1. 常速打印的设定

第一步：按下“联机”开关，“联机”指示灯点亮。

第二步：按“常速打印 / 换行”开关，“常速”指示灯点亮。

注意：若在打印过程中按“常速打印 / 换行”开关，则由高速打印或高复写打印变为常速打印。

2. 高速打印的设定

第一步：按下“联机”开关，“联机”指示灯点亮。

第二步：按“高速打印 / 换页”开关，“高速”指示灯点亮。

注意：若在打印过程中按“高速打印 / 换页”开关，则由常速打印或高复写打印变为高速打印。

3. 高复写打印的设定

第一步：确认“联机”指示灯点亮。

第二步：按“高复写 / 进纸 / 退纸”开关，“高复写”指示灯点亮。

注意：若在打印过程中按“高复写 / 进纸 / 退纸”开关，则由常速打印或高速打印变为高复写打印。

五、压缩打印的设定

针式打印机的压缩率可设定为无压缩（100%）、75% 或 50%，可以采用以下方法设置。

第一步：确认“联机”指示灯熄灭。

第二步：按住“切纸”开关的同时，每按一下“联机”开关，可以按 100% → 75% → 50% → 100% →……的顺序循环对压缩率进行转换。

第三步：松开“切纸”开关和“联机”开关，当前指示灯所显示的压缩率即被设定。

各压缩率的指示灯闪烁状态如下：

压缩率 100% 时——“联机”“纸空”“高速”“高复写”指示灯闪烁。

压缩率 75% 时——“纸空”“高速”“高复写”指示灯闪烁。

压缩率 50% 时——“高速”“高复写”指示灯闪烁。

任务四　针式打印机的维护与保养

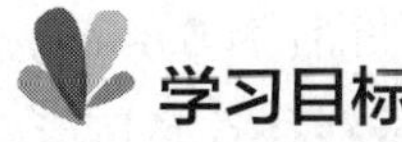

1. 能够完成针式打印机的日常维护与保养。
2. 能够处理针式打印机使用过程中的常见故障。

3. 能够完成针式打印机的色带更换。

打印机在使用的过程中，难免会出现故障，一般随机附带的使用手册会有一些简单的故障排除方法与使用技巧，可查阅后参照处理。本任务的主要内容就是处理针式打印机使用过程中的常见问题，并学习一些日常维护保养的知识。

一、针式打印机色带的基本知识

针式打印机利用打印头内的点阵撞针去撞击打印色带，在打印纸上产生打印效果。色带的质量直接影响打印的效果甚至打印头的寿命。在选择时一定要注意色带的型号与所使用的打印机要匹配，否则不能使用。

1. 色带带基

色带大多采用尼龙丝为原料织成，具有优良的附着渗透能力并能有效延长使用寿命。色带带基应为无缠绕、不起毛、不变形的高密度带基。

在选购色带的时候，可以将色带对着灯光看，不能透过光线的一般来说是高密度带基，质量较好。反之，则为劣质产品，不但带基密度未达到标准要求、容易挂针，还会令打印效果大打折扣。

2. 色带接头焊缝

需要注意的是，色带接头焊缝一定要保证焊接角度大于 30°，接缝处连接平滑，没有明显接痕或凸出，否则会导致色带严重磨损、挂伤甚至折断打印针。因此，选择色带时一定要仔细观察接头焊缝的情况。

3. 色带油墨

附着在色带上的油墨应适中，否则会严重影响打印效果。合格色带上的油墨均经过脱脂处理，不但附着力强，而且能够渗透到带基纤维内部，看起来比较干爽，用手触摸时，手指上也不会有明显的油墨痕迹。而劣质油墨，看似油墨充足，但打印过程中会出现“色重”的现象，而且它可沿着打印针导孔进入打印头针缝间并固化，堵塞打印头，导致打印机无法正常打印，严重时可造成折断打印针、压坏打印针平行槽、烧坏打印头驱动芯片或色带电动机等故障。

4. 色带长度

色带长度也是分辨色带优劣的重要标志，不同类型的打印机用不同的色带。例如：EPSON LQ100/150/DLQ1000/LX100 等类型色带长度都是 1.6 m（对折后为 0.8 m），LQ1600 色带长度为 16 m，LQ1500/2500 色带的长度为 10 m。劣质的色带往往在长度上不符合标准。

二、打印机的检查和清洁

1. 日常检查

在平时使用打印机时，可以通过日常检查来确认打印机是否处于最佳工作状态。检查内容主要包括以下几点：

（1）打印纸是否被压纸轮或打印机的盖板卡住。

（2）拆下色带盒，按照色带盒旋钮旁的方向标记，用手顺着标记转动色带盒上的旋钮，查看有无卡涩现象，如果有，必须更换色带盒。

（3）色带盒的安装位置是否正确。

（4）打印机内有无杂物，若有则取出。

（5）打印头前面的色带保护卡有无破损，如果有破损，在打印过程中将出现打印针刮色带或刮纸现象，最终将会使打印针折断。

2. 定期检查

针式打印机在使用 6 个月或打印 100 万行字符后，必须对其进行一次全面检查，主要包括以下内容：

（1）检查打印机的机械装置，查看有无螺钉松动或脱落现象，字车导轨是否磨损。输纸机构、字车和色带传动机构的运转是否灵活，若有松动、晃动或不灵活，则应分别予以加固、更换或调整。

（2）检查色带或色带盒，如果发现色带表面起毛或者色带盒太紧，应及时更换（注意色带的质量），否则色带盒太紧会影响字车移动，色带破损则会折断打印针。

（3）检查打印头和打印辊之间的间隙是否符合要求，若有偏离则需要调整。

3. 清洁打印机

为了使打印机具有良好的工作状态，根据使用环境和负荷情况，需要定期清洁，清除打印机内部的纸屑和灰尘。清洁周期一般以 6 个月或使用时间 300 小时为宜。

清洁前，必须关闭打印机电源开关，可以清洁的部位主要有走纸面和传动机构，使用的工具有软布、棉签和吸尘器。在清洁打印机时，应注意以下几点：

（1）勿使纸屑等进入机内。

（2）刚打印后打印头及其周围温度很高，不要在此时清洁。

（3）应经常进行打印机表面的清洁维护，保证打印机外观的清洁。

特别要注意的是：不要使用硬布以及稀释剂、酒精和汽油等易燃溶剂擦拭设备。

实践操作

针式打印机使用过程中常见的问题是更换色带、夹纸、无法打印或打印效果异常等。

一、更换色带

第一步：将色带导引从色带盒中取下，松开色带盒盖上的卡爪（6处），取下盖子，如图3—73所示。取出用完的色带，去除色带盒内及其周围、从动齿轮/驱动齿轮周围的色带屑和纤维屑，如图3—74所示。

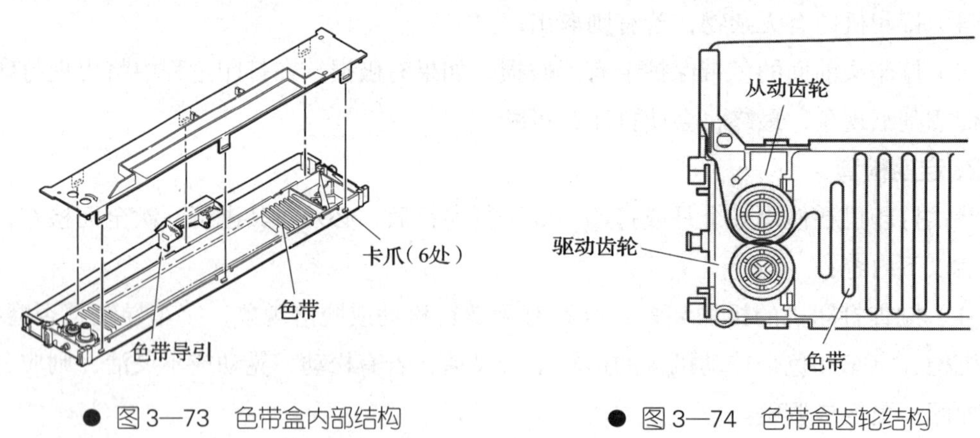

● 图3—73　色带盒内部结构　　● 图3—74　色带盒齿轮结构

第二步：去除新色带箱的包装纸，从箱内将色带抽出20～30 cm。将色带盒盖于色带箱上，将色带盒与箱一起按图3—75所示的箭头方向翻转。

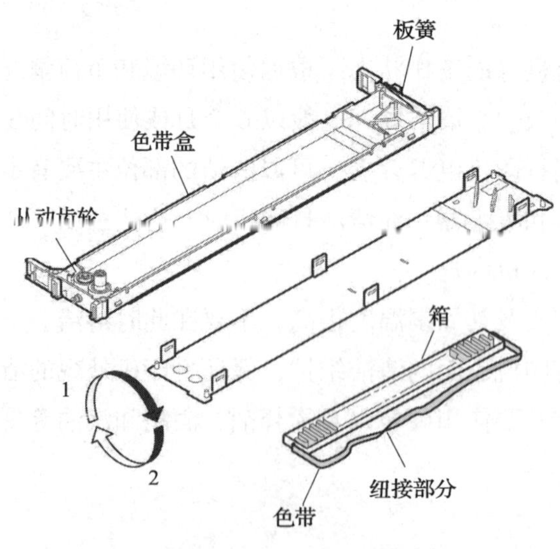

● 图3—75　色带放置前准备

第三步：色带的安装过程中存在反转扭曲部分，如图 3—76 所示，因此需要轻轻除掉色带箱，不要将色带从色带盒中弹出，确认色带盒的色带没有断裂、扭曲，从动齿轮 / 驱动齿轮已经从框架浮起，然后关闭盖子，按顺时针方向转动旋钮，收紧色带。

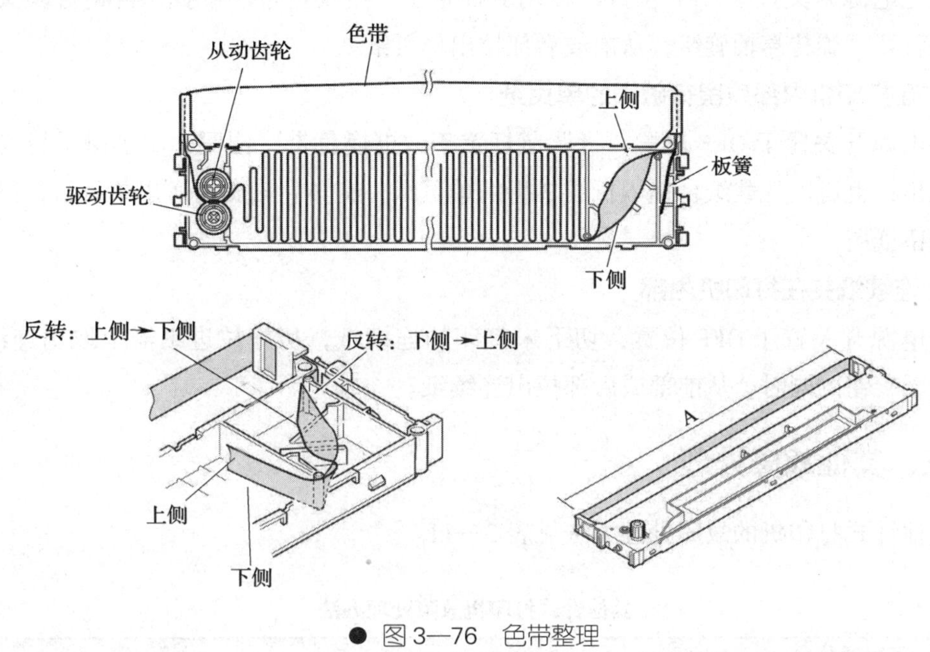

● 图 3—76 色带整理

第四步：将色带安装到色带导引上，在安装时要留意上下方向，安装新的色带至色带盒内，如图 3—77 所示。

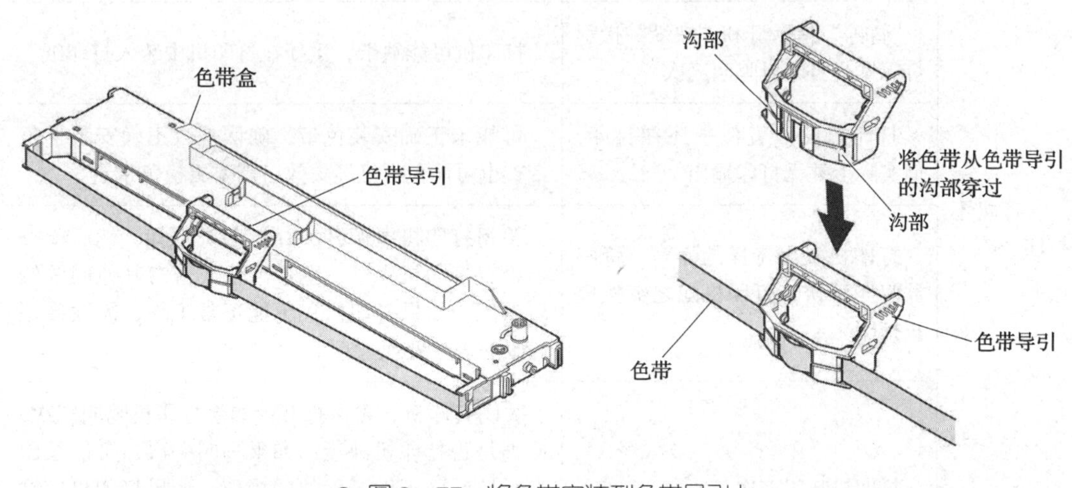

● 图 3—77 将色带安装到色带导引上

二、夹纸故障处理

1. 单页纸夹在打印机内部

先将电源开关置于 OFF 位置，将调节杆置于“更换色带”位置，再将打印头从打印纸处移开，旋转卷轴旋钮，从前或后部拉出单页纸。

2. 在打印机内部残留有破损的单页纸

将电源开关置于 OFF 位置，将调节杆置于“更换色带”位置，用小镊子将发现的纸屑取出；也可以从载纸台插入折成 3 折的单页纸，旋转卷轴旋钮送出单页纸，同时会推出残留纸屑。

3. 连续纸夹在打印机内部

将电源开关置于 OFF 位置，切下未打印的连续纸，从拖拉进纸器上取出连续纸，旋转卷轴旋钮的同时，从前部或后部拉出连续纸。

三、其他故障处理

其他针式打印机的故障处理方法见表 3—11。

表 3—11　　其他针式打印机故障处理办法

故障分类	故障现象	处理方法
打印机不打印	“暂停”指示灯不亮但打印机不打印	检查是否正确安装了打印机的驱动程序；检查软件的打印设定参数；检查接口电缆的两端，确认该电缆是否适合打印机和计算机的规格
	“暂停”指示灯和“缺纸”指示灯闪烁且打印机鸣叫三次	打印机可能缺纸，重新在打印机中装入打印纸
	打印机的声音似乎还在打印，但实际上并无打印输出	可能未正确安装色带，确认是否正确安装了色带；也可能色带已经失效，需要更换色带盒
	打印机发出奇怪的噪声，蜂鸣器鸣叫五次，打印机随之突然停止打印	关闭打印机电源开关让打印头冷却，然后检查是否有打印机夹纸、色带卡住或者有其他问题然后重试。如果打印机仍不能正常工作，需联系售后服务进行处理
	打印机鸣叫多次	关闭打印机，再次打开；如果打印机鸣叫三次，检查是否打印机缺纸；如果鸣叫一次，可能是因为对控制面板做了无效的操作；如果打印机依然不能正常工作，需要关闭打印机联系售后服务进行处理

续表

故障分类	故障现象	处理方法
打印模糊或不均匀	打印字符底部部分丢失	可能未正确安装色带，需重新安装
	打印输出模糊	色带可能已经失效，更换色带盒；纸厚调节杆可能未正确设置，检查设置
在打印的字符或图形中丢失点	在打印输出中丢失一行点	可能是打印头损坏，停止打印并与售后服务人员联系，更换打印头
	在随机位置丢失点	可能是在色带中有许多空隙或者色带松弛，应重新安装
打印的字符不对	打印机不打印应用软件传送的字体或字符	检查是否正确安装了打印机驱动程序
	在控制面板上选择的字体未被打印	可能是打印机驱动软件的设定覆盖了控制面板的设定，在软件程序中选择字体
单页纸没有正确进纸	打印纸未进纸	连续纸可能留在打印机中，取出连续纸，将换纸杆设定到单页纸位置并插入新的一页纸
	打印纸进纸卷曲或夹纸	关闭打印机电源开关，拉出夹纸，将一页新纸垂直插入导纸器中，并确认所用的打印纸类型是否正确
	打印纸没有完全退出	使用“换行 / 换页”键将一页退出，使用在规定范围内的打印纸
连续纸没有正确进纸	拖纸器不进纸	检查换纸杆是否被拉到连续纸位置，如果不是，将换纸杆移到正确位置；打印纸可能从拖纸器上脱落，将打印纸安装在拖纸器上
	进纸卷曲或夹纸	确认导纸器位于直立位置；连续纸的打印备用纸可能妨碍连续纸进纸，确认打印备用纸不妨碍进纸，打印备用纸与打印机之间应保持 1 cm 以内的距离；检查连续纸两边的孔是否平行；另外，确认链齿已锁定且链齿盖关闭
	打印纸不能正确退出	撕下进行打印机中的打印纸，然后按“换行 / 换页”键或“进纸 / 退纸”键向前退纸
	当在单页纸与连续纸之间进行切换时，打印机鸣叫多次，并且“暂停”指示灯亮	如果此时打印纸仍留在打印机中，可以试着改变换纸杆的位置，将其放回到以前的位置并且退纸，然后再改变其位置

第四章
图像视频采集设备

扫描仪、数码相机、数码摄像机都是常见的图像视频采集设备。扫描仪是一种捕获图像并将其转换成计算机可以显示、编辑、存储和输出的数字化办公设备，广泛应用于日常办公、标牌面板制作、印刷等领域。数码相机、数码摄像机是传统胶片相机、摄像机的数字化产品，用于记录图形和影像资料。

第一节　扫　描　仪

任务一　扫描仪的认识

1. 了解扫描仪的种类和功能。
2. 了解扫描仪的主要技术指标。

扫描仪是利用光电技术和数字处理技术，以扫描方式将图形或图像信息转换为数字信号的装置。作为一种图形输入设备，扫描仪广泛应用于办公自动化、计算机辅助设计等领域。

一、扫描仪的分类

扫描仪按扫描版面大小可分为 A3 幅面和 A4 幅面扫描仪；按扫描速度可分为高速、

中速和低速扫描仪；按结构特点可分为手持式、平板式、滚筒式、馈纸式（也称小滚筒式）、笔式扫描仪等；按应用范围可分为底片扫描仪、三维扫描仪、工程图纸扫描仪、便携式扫描仪、实物扫描仪、条码扫描仪等。常见的扫描仪外观如图 4—1 所示。

● 图 4—1 扫描仪

1. 平板式扫描仪

平板式扫描仪又称台式扫描仪，是目前市场上的主流产品，其特点是使用方便，只要把扫描仪的上盖打开，书本、报纸、杂志、照片、底片等都可以放上去进行扫描，而且扫描效果比较好，除在印刷领域普遍应用外，也是一般办公和家庭用户的首选产品。扫描幅面多为 A4，个别为 A3。

2. 滚筒式扫描仪

滚筒式扫描仪是用于专业领域（如制作高档印刷产品）的扫描仪，处理的对象多为大幅面图纸、高档印刷用照片等。其各项技术指标位于扫描仪家族之首。随着印刷设计行业要求的提高，滚筒式扫描仪的发展势头越来越好。

3. 馈纸式扫描仪

馈纸式扫描仪又称为小滚筒式扫描仪，有彩色和灰度两种，彩色型号一般为 24 位彩色。这种扫描仪只能扫描较薄的物件，范围还不能超过扫描仪的大小。随着扫描仪技术的不断发展，它已逐渐被其他类型的扫描仪所替代。

4. 工程图纸扫描仪

工程图纸扫描仪主要是为解决工程图纸的输入、保存等问题设计的，由于其用途特殊，一般较为少见。

5. 底片扫描仪

底片扫描仪又称胶片扫描仪，是专门用来扫描底片的。现在有些高档平板式扫描仪也有底片扫描功能，但与专业的底片扫描仪相比，其扫描效果要差得多。

6. 笔式扫描仪

笔式扫描仪出现于2000年前后，其形状与笔相似，使用时，将其贴在纸上一行一行地扫描，主要用于文字识别。

7. 便携式扫描仪

便携式扫描仪的主要特点是小巧、快速，因其扫描效果突出、价格适中而受到广大企事业单位办公人群的喜爱。

8. 手持式扫描仪

手持式扫描仪是一种具有折叠式超便捷设计、低碳环保的新型扫描设备，能快速完成文本文档的扫描，可以将扫描的图片通过文字识别功能快速转换成可编辑的文档，从而大大地提高了工作效率。它还能进行拍照、录像、复印、网络无纸传真等工作。

9. 三维扫描仪

三维扫描仪用来侦测并分析现实世界中物体或环境的形状（几何构造）与外观数据（如颜色、表面反照率等性质）。搜集到的数据常被用来进行三维重建计算，在虚拟世界中创建实际物体的数字模型。

二、扫描仪的功能

1. 采集图像

将模拟图像转换成数字图像是扫描仪的主要功能。模拟图像指普通照片、印刷在各种介质上的图形图像等。

2. 编辑图像

利用扫描仪附带的图像处理软件所具有的丰富功能，可对扫描的图像进行修改、调整。

3. 文字输入

运用光学文字识别（OCR）软件，对文字类原稿进行扫描，可将字符信息转变为可编辑的文字。文字识别是扫描仪的功能亮点，可以对文字进行快速的录入。

4. 复印资料

利用扫描仪，在计算机、打印机的配合下，能够方便地进行复印。

三、扫描仪的主要技术指标

1. 分辨率

分辨率也称为扫描精度，表示扫描仪对图像细节表现的能力，常用dpi来表示，即每英寸长度上扫描图像所含有像素点的个数。一般扫描仪的分辨率为300～2 400 dpi，常见的为 600 ~ 1 200 dpi。

2. 灰度级

灰度级是表示灰度图像的亮度层次范围的指标，反映了扫描时由暗到亮层次范围的多少，具体地说就是扫描仪从纯黑到纯白之间平滑过渡的能力。灰度级位数越大，扫描所得结果的层次越丰富，效果就越好。常见扫描仪的灰度级一般为 256 级（8 位）、1 024 级（10 位）和 4 096 级（12 位）。

3. 色彩位数

色彩位数是扫描仪对采样来的每一个像素点提供的不同通道的数字化位数的叠加值，是衡量一台扫描仪质量的重要技术指标，体现了彩色扫描仪所能产生的颜色范围，能够反映扫描图像的色彩逼真度。色彩位数越多，图像表达越真实。一般扫描仪的色彩位数取决于扫描仪内部的模数转换器的精度。当色彩位数精度增加时，扫描设备可以捕捉的色彩细节也会增多。色彩位数一般采用 RGB 三通道的数值总和来表达，常见的有 24 bit、32 bit、36 bit 等。

4. 扫描速度

扫描速度即扫描一定的图像所需要的时间。通常将扫描文件的速度达每分钟 100 页及以上的扫描仪称为高速扫描仪；60 ~ 100 页的称为中速扫描仪；20 ~ 60 页的称为低速扫描仪。由于扫描仪是一种对光线敏感的设备，所以工作中需要给予一定的曝光时间。要保证扫描图像的品质，必须要有足够的曝光时间，扫描仪的工作速度不仅取决于设计结构，也与扫描仪的用途有关。

5. 扫描幅面

扫描仪的最大幅面分 A4、A3、A1 等，市场上的扫描仪以 A4 幅面为主，A3 及以上幅面的扫描仪价格较高，多用于一些专业领域。

6. 接口方式

接口方式是指扫描仪与计算机之间采用的接口类型。目前扫描仪常见的接口类型有 SCSI、EPP、USB 三种。SCSI 接口的扫描仪传输速度快，而采用 USB 接口的扫描仪使用起来更简便。

任务二　扫描仪的安装

学习目标

1. 了解扫描仪的工作环境。
2. 了解扫描仪的各部件及按钮的功能。

3. 能够依据使用说明安装扫描仪。

扫描仪的安装分为硬件连接和软件安装两个部分。通常情况下，先连接硬件，再安装软件，其安装过程可参考相应的使用手册。本任务以 Epson Perfection V330 型扫描仪为例，完成设备的安装。

要安装扫描仪，首先要了解扫描仪的安装环境。

一、扫描仪安装环境的选择

选择良好的安装使用环境不但可以提高扫描仪的使用便利性，而且可以延长设备的使用寿命，在安装时要注意以下几个方面：

1. 不要将扫描仪放置在不稳定的平面上，不要接近辐射较大或有发热源的地方。

2. 在扫描仪四周留有足够的空间以便操作或维修。

3. 避免在温度或湿度剧烈变化的地方使用或放置扫描仪。

4. 扫描仪要远离阳光直射、潮湿或多尘的地方。

5. 避免处于极端环境，超过一定范围的温度、湿度都会影响器件的工作精度。过冷、过热、污染等极端的外界环境会对扫描仪产生不良的影响。

二、扫描仪各部件及按钮名称

Epson Perfection V330 型扫描仪各部件及各按钮的名称如图 4—2 和图 4—3 所示。

三、指示灯的状态及功能

Epson Perfection V330 型扫描仪状态指示灯位于启动按钮和 PDF 按钮之间。其颜色、状态及含义见表 4—1。

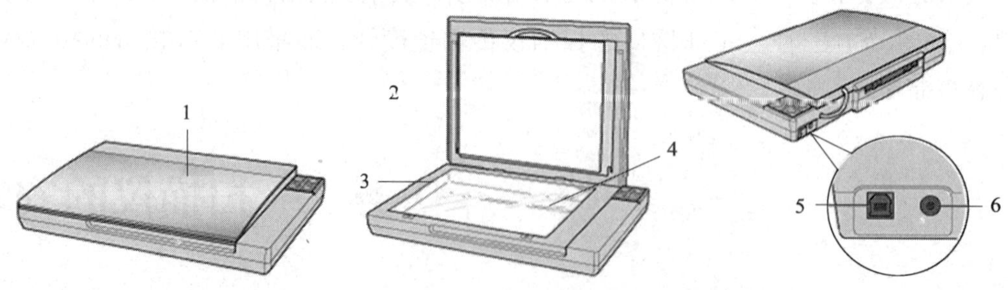

图 4—2 Epson Perfection V330 型扫描仪的部件

1—扫描仪上盖 2—文稿垫 3—文稿台 4—扫描头（在文稿台里面） 5—USB 接口 6—电源插口

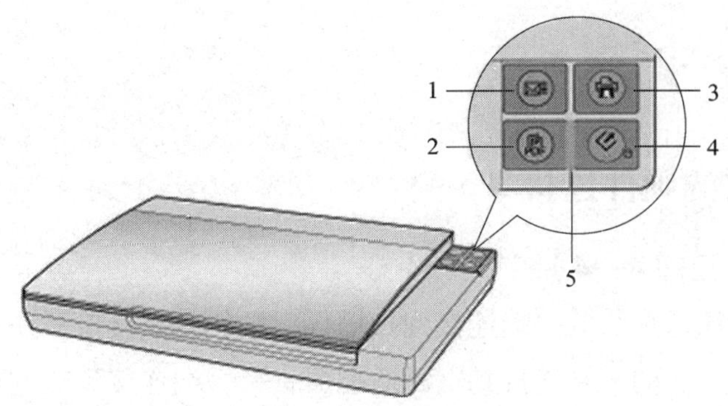

● 图 4—3　Epson Perfection V330 型扫描仪按钮

1—电子邮件按钮　2—PDF 按钮　3—复印按钮　4—电源和启动按钮　5—状态指示灯

表 4—1　Epson Perfection V330 型扫描仪状态指示灯的颜色、状态及含义

颜色	指示灯状态	含义
绿色	亮	准备扫描图像
	闪烁	正在初始化或正在扫描
橙色	闪烁	发生错误
无	灭	扫描仪关闭

四、按钮的功能

Epson Perfection V330 型扫描仪按钮的功能见表 4—2。

表 4—2　Epson Perfection V330 型扫描仪按钮的功能

按钮		功能
电源 / 启动按钮	电源按钮	按下一次可打开扫描仪电源 当扫描仪电源打开时，按下此按钮 3 s 可关闭扫描仪（当扫描软件正在运行时，不能关闭扫描仪）
	启动按钮	启动 Epson Scan 程序
复印按钮		启动 Copy Utility 程序，将连接到计算机的扫描仪作为复印机使用
E-mail 按钮		完成扫描并将扫描后的文件附加至电子邮件窗口
PDF 按钮		扫描文稿并将其以 PDF 文件保存在计算机中

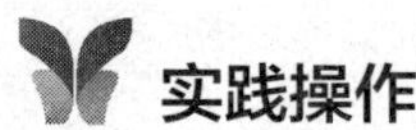

实践操作

一、扫描仪的硬件连接

1. 连接电源（见图 4—4）

第一步：将电源适配线的一端连接到扫描仪后端的电源接口。

第二步：将电源线的一端连接到电源适配器，另一端连接到交流电源插座。

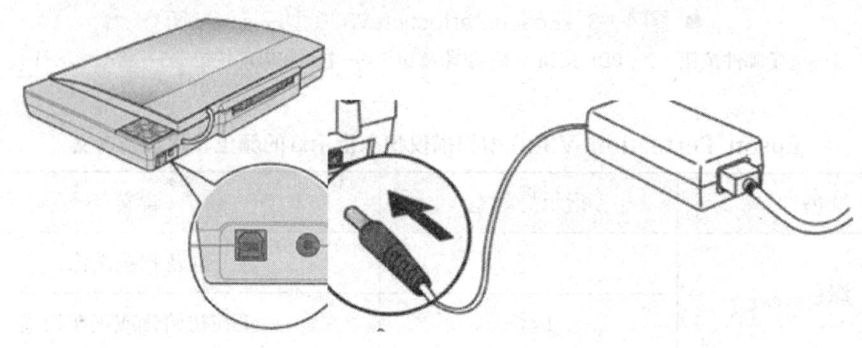

● 图 4—4　连接电源

2. 连接 USB 连接线（见图 4—5）

第一步：将 USB 连接线的一端接到计算机的 USB 接口。

第二步：将 USB 连接线的另一端连接到扫描仪的 USB 接口。

第三步：按一下扫描仪后端的电源开关，开启扫描仪电源，扫描仪前端面板的电源指示灯会点亮。等待片刻，电源指示灯将停止闪烁并保持点亮状态。

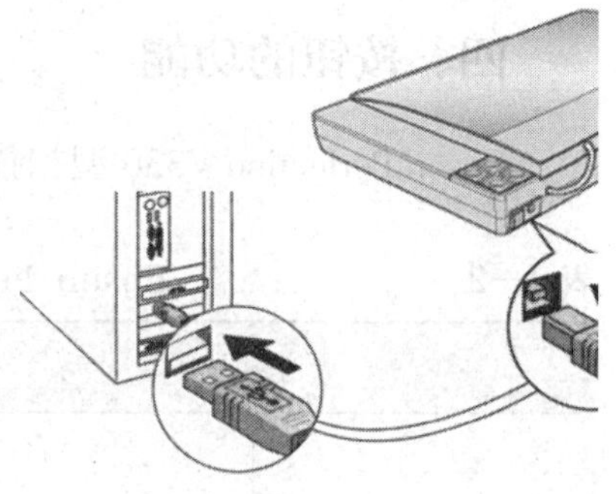

● 图 4—5　连接 USB 数据线

二、扫描仪的软件安装

第一步：启动计算机，连接扫描仪电源，但不要连接 USB 数据线，如图 4—6 所示。

第二步：将随机附带的光盘插入光驱中，如图 4—7 所示。

第三步：单击自动弹出的“开始和连接”，然后按提示进行安装，如图 4—8 所示。如果在安装过程中出现防火墙警告，单击“解除锁定”按钮，如图 4—9 所示。

第四步：安装完成后重新启动计算机。

● 图 4—6　在出现提示前，不连接 USB 数据线

● 图 4—7　放入光盘

● 图 4—8　开始连接与安装

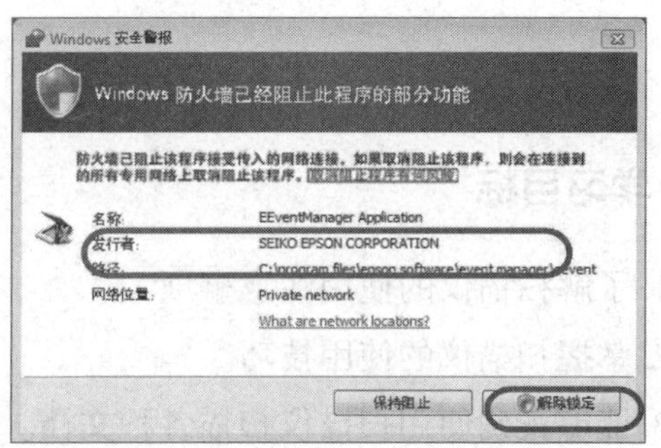

● 图 4—9　允许访问 Epson 应用程序

三、扫描仪的锁定和解锁

扫描仪使用安全锁的目的是防止扫描仪在运输或搬运途中灯管滑动，打开或锁上安全锁的方法因扫描仪类型不同而有所区别。

1. 锁上安全锁

第一步：关闭扫描仪电源。

第二步：将扫描仪略微倾斜，找到位于底部右侧的安全锁，如图 4—10 所示，用螺钉旋具顺时针旋转螺钉到锁定符号位置。当螺钉被拧紧时，螺钉将凹入扫描仪底部，表明扫描仪已上锁。上锁后，就可以搬运设备了。

2. 打开安全锁

第一步：关闭扫描仪电源。

第二步：将扫描仪略微倾斜，找到位于底部右侧的安全锁，如图 4—11 所示，用螺钉旋具逆时针旋转安全锁的固定螺钉，直到箭头指向解锁符号的位置。开锁成功后，螺钉将弹出一些，与扫描仪底部接近平齐，表明扫描仪的安全锁已打开。

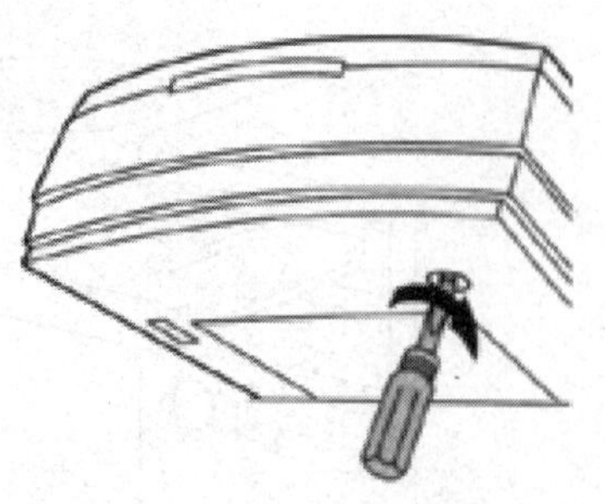
● 图4—10　锁上安全锁

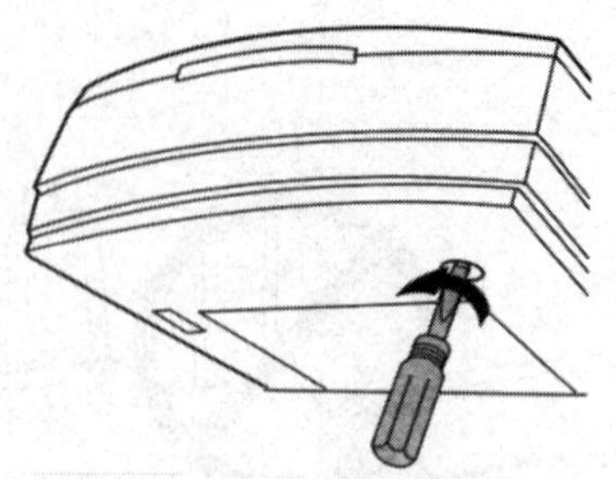
● 图4—11　打开安全锁

任务三　扫描仪的使用

学习目标

1. 了解扫描仪的使用注意事项。
2. 掌握扫描仪的使用技巧。
3. 能够正确使用扫描仪扫描各种文档。

只有掌握扫描仪的使用方法，才能更好地发挥设备的作用。

一、扫描前的设置

在进行扫描之前，需要对扫描仪进行相关设置，才能保证扫描出来的图像效果更加逼真，色彩还原更好。通常设置扫描仪要注意以下几个方面：

1. 设定扫描图像的类型（RGB、灰阶、CMYK、黑白二值等）。
2. 设定扫描分辨率。
3. 调整图像尺寸。
4. 设置扫描范围（固定尺寸、固定长宽比例）。
5. 设置测量单位（厘米、英寸、像素）。
6. 设置图像校正工具。

二、扫描仪的使用注意事项

掌握以下扫描仪的使用技巧，可以使扫描仪发挥更高的效率，延长使用寿命：

1. 扫描仪要摆放在平整、没有震动的地方。这样当扫描仪电动机工作时不会有额外的负荷，可以保证达到理想的垂直分辨率。

2. 扫描仪的摆放位置应远离窗户，因为窗户附近的灰尘比较多，而且会受到阳光的直射，会降低塑料部件的使用寿命。

3. 第一次使用扫描仪前，一定要先开锁，并且保证电源开关置于“OFF”状态，才能插入电源插头。扫描仪如需长途搬运时，必须先用锁定装置重新锁定。

4. 保持扫描仪玻璃的清洁，它关系到扫描仪的精度和识别率。一旦发现玻璃上有灰尘，应及时清理。由于扫描仪在工作中会产生静电，从而吸附大量灰尘进入机体，影响镜组的工作，因此，不要用容易掉渣的织物来覆盖（如绒制品、棉织品等），可以用丝绸或蜡染布等进行覆盖，房间保持适当的湿度可以避免灰尘对扫描仪的影响。

5. 把要扫描的图像摆放在起始线的中央，这样可以最大限度地减少失真。

6. 不宜用超过扫描仪光学分辨率的精度进行扫描，因为这样做不但对输出效果的改善不明显，还会大量消耗计算机资源。

7. 保存图像推荐选用 JPG 格式，压缩比为原图像大小的 75% ~ 85%，过小会严重丢失图像的信息，出现失真。

8. 一旦扫描仪通电后，禁止热插拔 SCSI、EPP 接口的电缆，这样会损坏扫描仪或计算机，USB 接口则支持热插拔。

9. 扫描仪在工作时不要中途切断电源，一般要等到扫描仪的镜组完全归位后再切断电源。

10. 一些扫描仪在设计上并没有完全切断电源的开关，不使用时，扫描仪的灯管依然是亮着的，由于扫描仪灯管也是消耗品，所以在不使用时应拔掉电源线。

11. 由于一些 CCD 扫描仪可以扫小型立体物品，所以在扫描时应当注意：放置锋利物品（包括反射稿上的订书针）时不要随便移动以免划伤玻璃；放下上盖时不要用力过猛，以免打碎玻璃。

三、扫描仪的使用技巧

为了使扫描仪在使用过程中发挥更高的效率，用户在使用过程中应掌握一些使用技巧。

1. 正确摆放扫描对象

在进行实际扫描的过程中，扫描的文稿不要紧贴在扫描仪原稿台玻璃的右下角，需要预留出 2 mm 的空白区域，这是由于扫描仪在工作时都有一定范围的扫描盲区。

2. 选择合适的分辨率

分辨率的设定应由实际应用需求决定。如果扫描的结果在显示器上显示，扫描分辨率设为 100 dpi 即可；如果为打印而扫描，设置为 300 dpi 即可；如果扫描结果用于印刷出版，分辨率要在 300 dpi 以上。

3. 最好进行预扫

用户在扫描照片或文稿时，在正式扫描前，进行预扫是非常必要的。进行预扫有两个好处：一是通过预扫，可以直接设置所需要扫描的区域，减少扫描后对图像的处理工序；二是通过观察预扫后的图像，大致可以看到图像的色彩、效果等，如果不满意可对扫描参数重新进行设定，调整之后再进行扫描。

4. 选择合适的扫描类型

选择合适的扫描类型，不仅有助于提高扫描仪的识别成功率，而且还能生成合适尺寸的文件。通常扫描仪为用户提供照片、灰度以及黑白三种扫描类型，在扫描之前必须根据扫描对象的不同选择合适的扫描类型。“照片”扫描类型适用于扫描彩色照片；“灰度”扫描类型常用于图文混排原稿；“黑白”扫描类型常见于纯文字稿件的扫描。

5. 正确扫描文稿

为了保证扫描仪有较高的识别率，扫描的稿件一定要清晰，在其他条件相同的前提下，OCR 软件对一般印刷稿、打印稿等的识别率可以达到 95% 以上；而对复印件和报纸等不太清晰的文章进行识别，大部分 OCR 软件的识别率都不是太高。当需要扫描厚度较大的文稿时，若直接扫描，由于原稿不能完全摊开而导致部分文字不清晰及扭曲失真，OCR 软件将无法正确识别。因此在扫描前，最好将文稿拆成一页页的单张，然后再进行扫描。对于报纸，由于幅面较大，无法一次性扫描，因此预扫时事先框选扫描范围，一次扫描一块区域，这样的识别效果会大大提高。

6. 调整好亮度和对比度

为了能获得较好的扫描效果，需要调整亮度和对比度。当灰阶和彩色图像的亮度太亮或太暗时，可以改变亮度参数。如果亮度太高，会使图像看上去发白；如果亮度太低，则图像太黑。

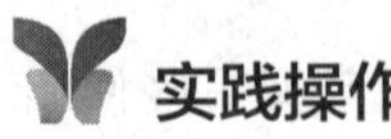

实践操作

一、放置文稿或照片

放置文稿时要注意，不要在玻璃文稿台上放重物，也不能大力压玻璃文稿台。应按如下方法放置文稿。

第一步：打开扫描仪盖，如图 4—12 所示。确保文稿垫安装在文稿盖上。如没有安装，应将文稿垫滑入到扫描仪文稿盖的凹槽中。插入时注意确保白色面朝外，如图 4—13 所示。

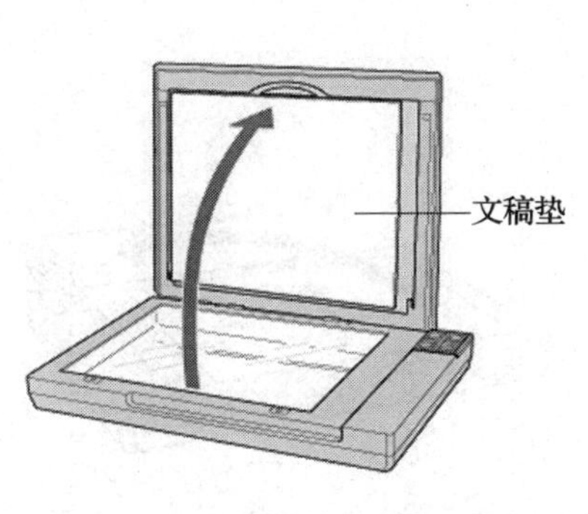

● 图 4—12　打开扫描仪盖

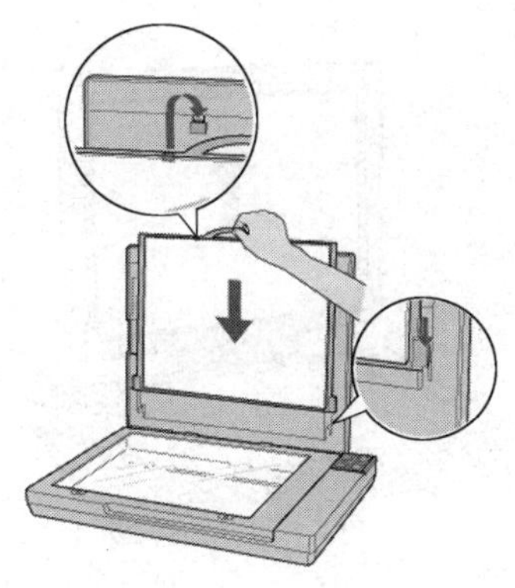

● 图 4—13　安装文稿垫

第二步：将原始文稿或照片面朝下放置在扫描仪文稿台上。确保文稿或照片放置在文稿台的右下角且与箭头标记对齐，如图 4—14 所示。如果同时扫描多张照片，应确保每张照片与其相邻照片之间至少距离 20 mm。

第三步：轻轻地合上文稿盖，以免移动原始文稿，如图 4—15 所示。注意不要将照片在文稿台上放置过长时间，以免粘在玻璃上。

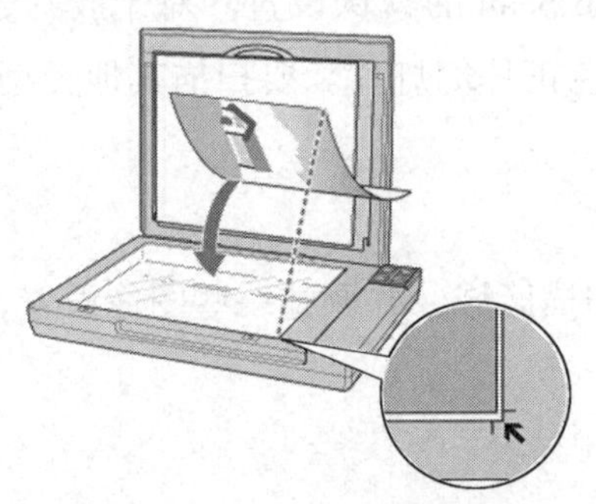

● 图 4—14　放置文稿或照片

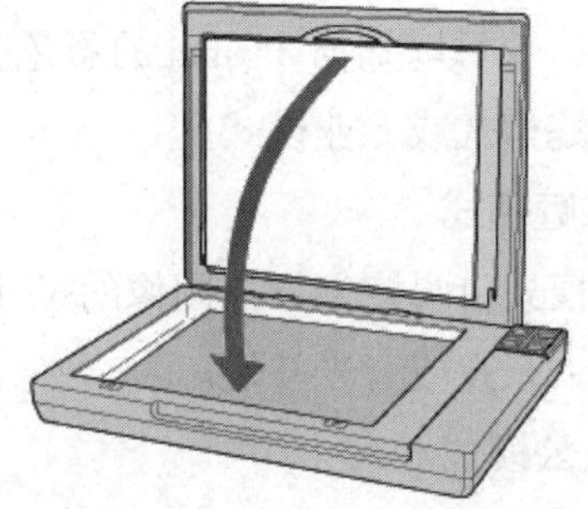

● 图 4—15　轻轻合上文稿盖

当扫描大的或厚的文稿时，可完全打开扫描仪的文稿盖，使其平放在扫描仪的旁边。具体操作步骤是首先打开扫描仪文稿盖，向上笔直地拉出文稿盖，如图 4—16 所示；然后向下放置文稿盖使其平放在扫描仪旁，如图 4—17 所示。扫描时注意轻轻向下按住文稿使其平整。完成扫描时，按放下文稿盖的相反顺序重新安上文稿盖。

二、启动扫描功能

启动扫描功能有两种方式，一种是利用扫描仪上的按钮，另一种是利用 Epson Scan 软件。

● 图 4—16　拉开文稿盖

● 图 4—17　将扫描仪盖放在旁边

三、选择扫描模式

Epson Scan 软件中提供了一系列的扫描模式供用户选择。

1. 全自动模式

全自动模式可进行快速而简便的扫描，无须进行任何设置或预览图像。当需要以 100% 尺寸扫描图像并且扫描之前不需预览时，全自动模式是较好的选择。在全自动模式下可进行色彩翻新或去杂点。此模式是 Epson Scan 的默认设置。对于胶片，在全自动模式下，仅可以扫描 35 mm 的彩色胶片或彩色正片幻灯片。要扫描其他类型的胶片，应使用家庭模式或专业模式。

2. 家庭模式

家庭模式可自定义扫描图像的尺寸，调整扫描区域，并调整一些图像设置，包括色彩翻新、去杂点或背光补偿。

3. 办公模式

办公模式可快速扫描装入在自动文稿送纸器中的多页文稿，并通过预览图像查看扫描效果。

4. 专业模式

专业模式可对扫描设置进行完全控制，并可使用预览图像来查看扫描效果。

要更改扫描模式，可单击 Epson Scan 窗口右上角模式框中的箭头进行选择，如图 4—18 所示。

四、扫描

1. 全自动模式下的扫描

第一步：将原始稿件放置在扫描仪文稿台上，启动 Epson Scan，从模式列表中选择全自动模式，如图 4—19 所示。

● 图 4—18 调整 Epson Scan 模式

第二步：如果想选择一个自定义分辨率，并去杂点或色彩翻新，单击“自定义”按钮，弹出“自定义”对话框如图 4—20 所示；如果想选择修改存储扫描图像的位置、名称和格式，单击“自定义”对话框中的“文件保存设置”按钮，弹出“文件保存设置”对话框如图 4—21 所示，选择相应设置并单击“确定”按钮。

第三步：单击“扫描”按钮，Epson Scan 就会在全自动模式下启动扫描，如图 4—22 所示。Epson Scan 将预览每一张图像，检测原始文稿的类型，并自动选择扫描设置。扫描完成后可按提示选择保存的文件格式和保存位置，默认是以 JPEG 文件保存在 Pictures 或 My Pictures 文件夹中。

2. 家庭、办公、专业模式下的扫描

其操作步骤和全自动模式下基本相同，主要区别是：在上述第一步的操作中，需要按照软件所提供的参数进行相应的配置，不同模式下，可配置的选项不同。

● 图 4—19 启动全自动模式

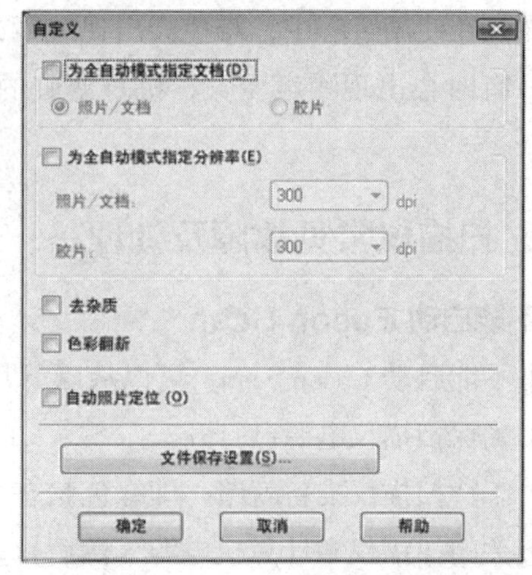

● 图 4—20 “自定义”对话框

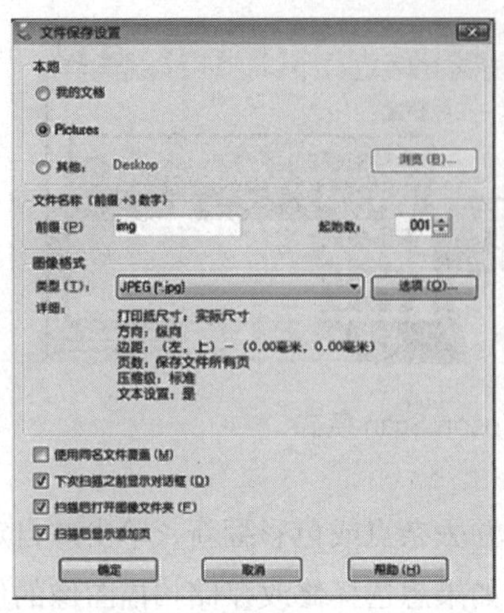

● 图 4—21 “文件保存设置”对话框　　● 图 4—22 扫描

任务四　扫描仪的维护与保养

学习目标

1. 能够解决扫描仪使用过程中的常见故障。
2. 能够完成扫描仪的清洁等工作。
3. 了解扫描仪日常维护的基本知识。

扫描仪在使用过程中，难免会出现故障，影响用户的使用。而且，扫描仪使用一段时间后，有时会出现噪声变大，机身变脏的情况，这些问题都可以通过维护和清洁来解决。

一、扫描仪常见故障及处理

1. 不能启动 Epson Scan

如果不能启动 Epson Scan，可以从以下几个方面着手解决问题。

（1）确保扫描仪电源已打开。

（2）等待扫描仪准备就绪，即绿色状态指示灯停止闪烁后再运行软件。

（3）关闭扫描仪和计算机电源，然后检查计算机和扫描仪之间的接口电缆是否连接牢固。

（4）直接将扫描仪连接到计算机的 USB 接口或仅使用一个集线器。当使用多于一个集线器连接扫描仪和计算机时，扫描仪可能无法正常工作。

（5）确保在扫描仪显示列表中正确选择了扫描仪的型号。

（6）如果更新了计算机的操作系统，需要重新安装 Epson Scan。

（7）对于 Windows 系统，确保在设备管理器窗口中扫描仪的名称出现在图像设备下且没有“?”或“!”标记。如果扫描仪的名称下出现了这些标记中的一个或作为未知设备，应卸载 Epson Scan，并重新安装。

2. 按下扫描仪按钮没有启动正确的程序

首先，确保 Epson Scan 已正确安装；其次，检查是否已经分配一个程序到扫描按钮。在 Epson Event Manager 中可对任何扫描仪按钮指定一个打开的目标程序，以便更快地进行目标扫描。当按下扫描仪上的按钮时，每个按钮都将打开一个预选的程序。

3. 当转换成可编辑文本（OCR）扫描时字符识别度差

（1）确保文稿放置的方向与文稿台的方向完全一致。

（2）在办公模式或家庭模式中，选择文本增强复选框。

（3）调整阈值设置。办公模式或家庭模式下，可选择黑白作为图像类型，然后尝试调整阈值设置。在专业模式下，可选择合适的图像选项设置，然后尝试调整阈值设置。

4. 扫描出的颜色与原件颜色不同

扫描出的颜色与显示器上的颜色不可能完全一致，因为扫描仪和显示器使用不同的色彩系统：显示器使用 RGB 系统（即红、绿、蓝），而扫描仪使用 CMYK 系统（即青、洋红、黄和黑）。当扫描出的颜色与原件颜色差别较大时，主要从以下几个方面排查并解决问题。

（1）确保文稿类型设置正确。

（2）单击配置，选择色彩标签，并在色彩菜单中更改显示 Gamma 设置以匹配输出设备，如监视器或打印机。

（3）单击配置，选择色彩标签，在色彩菜单中调整色彩控制和连续自动曝光选项。

（4）单击配置，选择色彩标签，然后单击推荐值将自动曝光设置返回到默认值。

（5）单击配置，选择预览标签，打开预览菜单中的快速预览设置，然后进行调整。

（6）在专业模式窗口中调整自动曝光设置。另外，尝试选择不同的色调校正设置。

（7）确保启用嵌入 ICC 配置设置。在文件保存设置窗口中，选择 JPEG 或 TIFF 作为保存文件类型。单击选项，然后选择嵌入 ICC 配置复选框。

（8）检查计算机、显示器适配器、软件的色彩匹配和色彩管理能力。

（9）使用适合于计算机的色彩管理系统：ICM（适合于 Windows 用户）或 ColorSync（适合于 Macintosh 用户）。

二、清洁扫描仪

1. 清洁方法

要使扫描仪保持较好的运行状态，需要定期对其进行清洁，清洁步骤如下：

（1）按下电源按钮⏻3 s 关闭扫描仪。

（2）从扫描仪上拔下交流电源适配器插头。

（3）用一块被中性清洁剂和水浸湿的布清洁扫描仪外壳。

（4）如果文稿台的玻璃表面脏了，用柔软的干布将其擦干净。如果玻璃表面上粘有油或其他不易除去的物质，用少量玻璃清洁剂和软布将其擦去，同时将残留的液体擦干净。

（5）取下文稿垫，并按第 4 步的方法清洁透扫适配器部件的窗口。

（6）确保文稿台表面和透扫适配器部件窗口上没有尘土，因为尘土会使扫描图像出现斑点。

2. 清洁扫描仪时的注意事项

（1）不要用力压文稿台的玻璃面。

（2）小心避免刮伤或损坏文稿台的玻璃面，也不要用硬毛刷进行清洁。

（3）不要用酒精、稀释剂或腐蚀性溶剂清洁扫描仪，这些化学试剂会损坏扫描仪部件和外壳。

（4）不要将液体溅到扫描仪的机械部件或电子元件上，这样将永久性地损坏机械部件和电路。

（5）不要向扫描仪内喷洒润滑剂。

（6）切勿打开扫描仪外壳。

三、更换扫描仪光源

扫描仪光源亮度会随着使用时间的增长而减弱。如果光源破裂或变得太暗不能正常运行，扫描仪将停止工作，状态指示灯也会迅速闪烁。发生这种情况时，必须由专业维修人员更换整套光源。

四、扫描仪的使用保养常识

了解扫描仪的使用保养常识，不但有利于延长设备的使用寿命，节约维护成本，而且有利于提高工作效率。

1. 保护好光学部件

扫描仪的光电转换设置非常精密，光学镜头、反射镜头的位置对扫描质量有非常大的影响。在工作过程中，不要随意改动光学装置的位置，同时避免扫描仪震动或者倾斜。

2. 进行预热

使用扫描仪时需要正常的室温。在寒冷环境中使用时，需要将扫描仪持续通电30 min后，再关闭扫描仪电源，60 s后再接通，然后开始使用扫描仪。

3. 不要频繁地开关机

不要频繁地开关扫描仪，否则会加速灯管老化和系统磨损。

4. 环境清洁

在干净的环境下使用扫描仪，设备用完以后，要用防尘罩遮盖起来，防止灰尘侵袭。

第二节 数码相机

任务一 数码相机的认识

学习目标

1. 了解常见数码相机的种类和特点。
2. 了解常见数码相机的主要技术指标。

数码相机诞生于20世纪80年代，随着数码影像技术的不断发展，数码相机已经成为现代办公、家庭娱乐及进行专业制作不可缺少的设备之一。

一、数码相机的种类

依据数码相机的用途不同，可以将其简单地分为卡片式、长焦式和单反式等类型，如图4—23所示。另外，通常把体积小于单反同时可换镜头的相机称为微单相机。

图4—23 常见的数码相机

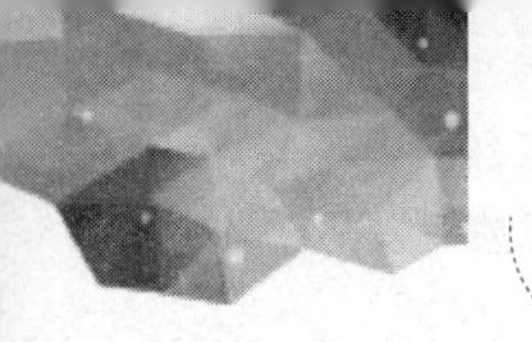

1. 卡片式数码相机

卡片式数码相机在业界没有明确的概念，小巧的外形、相对较轻的机身以及超薄时尚的设计是衡量此类数码相机的主要标准。其中，索尼 T 系列、奥林巴斯 AZ1 和卡西欧 Z 系列等都属于这一领域。其主要优点是具有时尚的外观、大尺寸液晶屏、小巧纤薄的机身，操作便捷。其缺点是手动功能相对薄弱，超大的液晶显示屏耗电量较大，镜头性能较差。

2. 长焦式数码相机

长焦式数码相机指的是具有较大光学变焦倍数的机型，而光学变焦倍数越大，能拍摄的景物就越远。代表机型为美能达 Z 系列、松下 FX 系列、富士 S 系列、柯达 DX 系列等。如果光学变焦倍数不够，还可以在镜头前增加倍镜。

3. 单反式数码相机

单反式数码相机全称为单镜头反光数码相机，市场中的代表品牌有尼康、佳能、宾得、富士等。此类相机一般体积较大。

单反就是指单镜头反光，即 SLR（Single Lens Reflex），这是当今最流行的取景系统，大多数 35 mm 照相机都采用这种取景器。在这种系统中，反光镜和棱镜的独特设计使得摄影者可以从取景器中直接观察到通过镜头的影像。

单反数码相机的特点是可以更换不同规格的镜头，以满足不同的摄影需求，这是普通数码相机不能比拟的。

4. 微单数码相机

微单包含两个意思：微，微型小巧；单，可更换式单镜头相机。也就是说这种相机兼顾了小巧的体积和单反一样的画质。普通的卡片式数码相机虽然很时尚，但受制于光圈和镜头尺寸，成像效果不尽人意；而专业的单反相机过于笨重。于是，取两者之长，微单数码相机应运而生，其外观如图 4—24 所示。

● 图 4—24　微单数码相机

二、数码相机的主要技术指标

1. 光圈

数码相机光圈的大小用“F/ 数值”或“F 数值”来表示，如 F1.8、F2.0、F2.8、F5.6 等。

该数值越小，光圈越大，进光量越大。光圈较大时，在弱光环境中可以在不需要其他辅助方式的情况下保持相对高的快门速度。

拍照时对焦某一物体后，能在其前后清晰取景的范围称为景深。光圈越大，景深越小，越容易拍摄出背景虚化的效果，适合拍摄人像；光圈越小，景深越大，背景越清晰，适合拍摄风景。

2. 快门

快门是用来决定进光时间长短的装置。一般来说，其范围越大越好，但是在消费级数码相机里都不会做得太大，特别是最高快门，目前超过 1/2 000 s 的一般要高端机才具备，所以选择时要注意的是最慢速度，也就是可以自己决定曝光时间。

3. CCD（CMOS）尺寸

CCD 尺寸就是感光芯片的大小，一般是越大越好。理论上在相同像素下，CCD 尺寸越大产生的噪点就越少。

4. 光学变焦

变焦包括数码变焦和光学变焦两个概念。所谓数码变焦，是通过程序计算对所拍摄图像进行修正实现变焦效果，其实际拍摄到的图像信息并没有增加，类似于把图片放大观看，所以无法达到真正光学变焦的效果，严格地说没有多少实际价值。一般情况下，同级的光学变焦镜头不如定焦镜头。但普通用户选购一般消费级数码相机时，这方面的选择余地很小。

5. 像素

像素对于最后的冲印大小起到了决定性的作用，一般冲印分辨率的要求大概在 240 dpi，像素数越大，可冲印的照片越大。例如，500 万像素的照相机最大分辨率一般是 2 560 × 1 920，2 560 除以 240 约等于 10.6，也就是说 500 万像素的相机在保证图像质量的前提下最大可以冲长边为 10 寸的照片。

6. ISO 值

ISO 是感光度的意思，感光度越高感受光线的速度就越快，所以在胶片里高 ISO 的胶片也称为高速胶片，高 ISO 适合在弱光环境下使用，如拍家庭室内照、夜景等。但是感光度越高带来的问题是颗粒感加重，对输出效果的影响较大。ISO 值越低，画面就越细腻。在数码相机的选择上，ISO 值的关键选择点是最低 ISO 值。

7. 手动功能

手动功能以前是半专业以上级别机器里的专利，但现在很多廉价的数码相机也具有半手动或全手动功能，在初学阶段，可能会觉得手动功能过于麻烦，但是，随着使用经验的积累，手动功能会越来越有用。

任务二　数码相机的使用

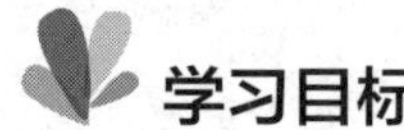

学习目标

1. 了解数码相机各部件的名称和功能。
2. 能够正确安装镜头、存储卡等组件。
3. 能够根据使用需要对数码相机进行功能设定，并完成照片的拍摄。

要使用数码相机，就必须充分了解数码相机的各项功能，熟悉基本的操作方法。本任务的主要内容是以尼康 7100 为例，练习使用数码相机进行拍摄。

一、数码相机各部件的名称

1. 尼康 7100 数码相机上方各部件的名称如图 4—25 和表 4—3 所示。

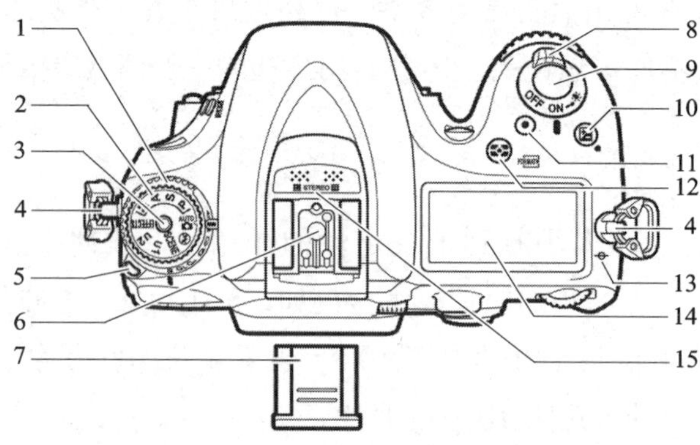

● 图 4—25　尼康 7100 数码相机上方部件

表 4—3　尼康 7100 数码相机上方各部件的名称

序号	名称	序号	名称
1	释放模式拨盘	9	快门释放按钮
2	模式拨盘	10	按钮
3	模式拨盘锁定解除	11	动画录制按钮
4	照相机背带孔	12	/FORMAT 按钮
5	释放模式拨盘锁定解除	13	焦平面标记（$\ominus$）
6	配件热靴	14	控制面板
7	配件热靴盖	15	立体声麦克风
8	电源开关		

2. 尼康 7100 数码相机正面 / 侧面各部件的名称如图 4—26 和表 4—4 所示。

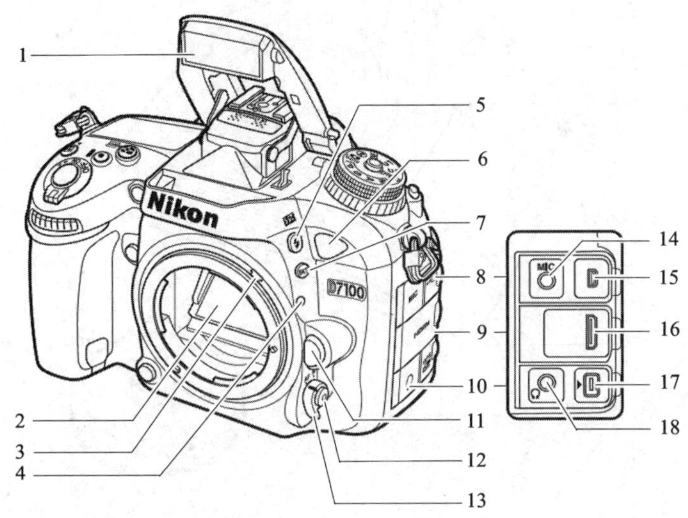

● 图 4—26 尼康 7100 数码相机正面 / 侧面部件

表 4—4 **尼康 7100 数码相机正面 / 侧面各部件的名称**

序号	名称	序号	名称
1	内置闪光灯	10	配件端子及耳机接口盖
2	反光板	11	镜头释放按钮
3	测光耦合杆	12	AF 模式按钮
4	镜头安装标记	13	对焦模式选择器
5	⚡/▣ 按钮	14	外置麦克风接口
6	红外线接收器（前）	15	USB 接口
7	BKT 按钮	16	HDMI 迷你接口（C 型）
8	USB 及外置麦克风接口盖	17	配件端子
9	HDMI 接口盖	18	耳机接口

3. 尼康 7100 数码相机正面 / 底部各部件的名称如图 4—27 和表 4—5 所示。

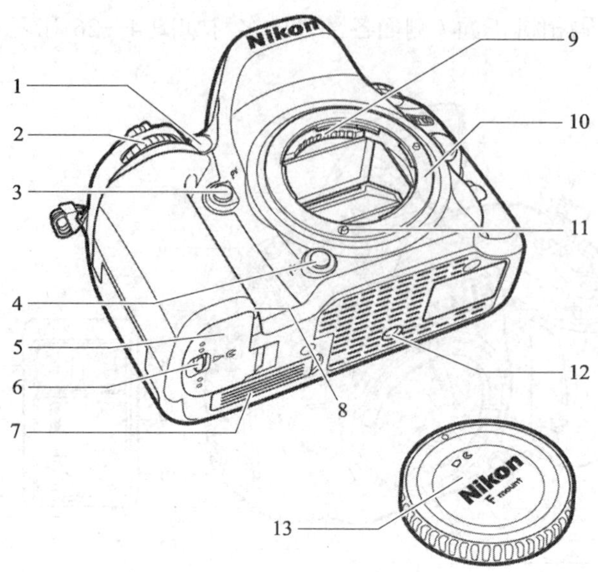

● 图 4—27　尼康 7100 数码相机正面 / 底部部件

表 4—5　　尼康 7100 数码相机正面 / 底部各部件的名称

序号	名称	序号	名称
1	AF 辅助照明器	7	另购 MB-D15 电池匣接点盖
	自拍指示灯	8	照相机电源连接器盖
	防红眼灯	9	CPU 接点
2	副指令拨盘	10	镜头卡口
3	景深预览按钮	11	AF 耦合
4	**Fn**（功能）按钮	12	三脚架连接孔
5	电池舱盖	13	机身盖
6	电池舱盖锁闩		

一、模式拨盘及释放模式拨盘

1. 模式拨盘

数码照相机提供多种照相模式，若要选择一种模式，需要按下模式拨盘锁定解除并同时旋转模式拨盘至所需设定，如图 4—28 所示。

自动模式：选择这些模式可进行简单的“即取即拍”型拍摄。

AUTO——自动模式；

⊛——自动（闪光灯关闭）模式。

P、S、A 和 M 模式：选择这些模式可完全控制照相机，进行参数设定。

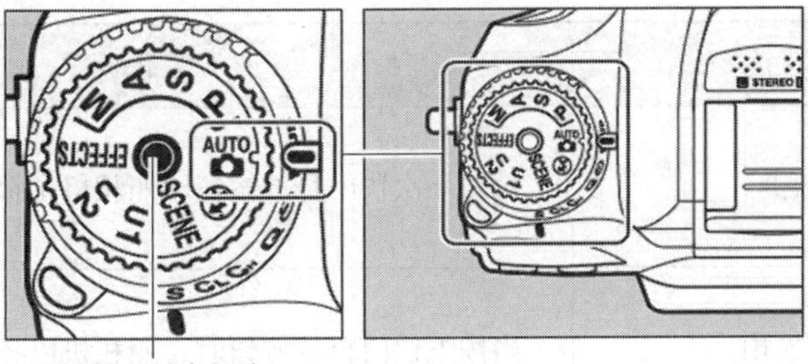

模式拨盘

模式拨盘锁定解除

● 图 4—28　模式拨盘

P——程序自动；

S——快门优先自动；

A——光圈优先自动；

M——手动。

特殊效果模式（EFFECTS）：在拍摄期间使用特殊效果。

场景模式（SCENE）：照相机可根据所选场景自动优化设定。需要选择适合所拍场景的模式。

U1 和 U2 模式：存储及启用自定义拍摄设定。

非 CPU 镜头：非 CPU 镜头仅可用于模式 A 和 M。如果安装了非 CPU 镜头时选择其他模式将会使快门释放失效。

2. 释放模式拨盘

若要选择一种释放模式，需要按下释放模式拨盘锁定解除并同时将释放模式拨盘旋转至所需设定，如图 4—29 所示。

释放模式拨盘锁定解除

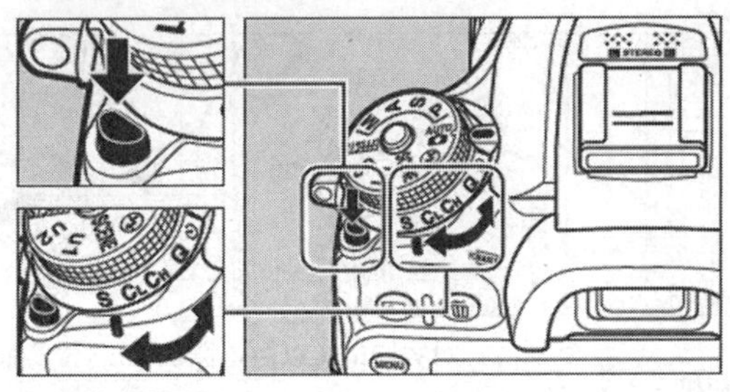

释放模式拨盘

● 图 4—29　释放模式拨盘

释放模式拨盘模式及说明见表 4—6。

表 4—6　　释放模式拨盘模式及说明

模式	说明
S 单张拍摄	每按一次快门释放按钮，照相机拍摄一张照片
C_L 低速连拍	当按下快门释放按钮时，照相机以较低连拍速度拍摄照片
C_H 高速连拍	当按下快门释放按钮时，照相机以较高连拍速度拍摄照片
Q 安静快门释放	除降低快门释放声音之外，其他与单张拍摄相同
自拍	使用自拍功能拍摄照片
MUP 反光板弹起	拍摄前弹起反光板

实践操作

一、准备工作

1. 安装镜头，如图 4—30 所示。

● 图 4—30　安装镜头

2. 插入存储卡，如图 4—31 所示。

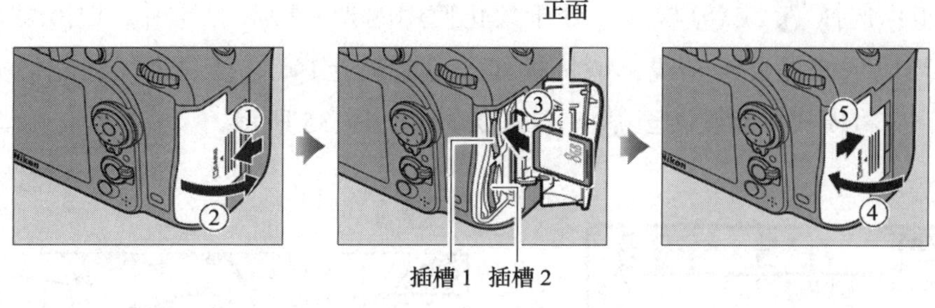

● 图 4—31　插入存储卡

二、基础拍摄

1. 检查电池电量和存储卡容量

进行拍摄前，首先要检查电池电量和剩余可拍摄张数。其操作步骤如下：

第一步：开启照相机。取下镜头盖并开启照相机。控制面板将开启且取景器中的显示将亮起，如图 4—32 所示。

第二步：检查电池电量。检查控制面板或取景器中显示的电池电量，如图 4—33 所示。

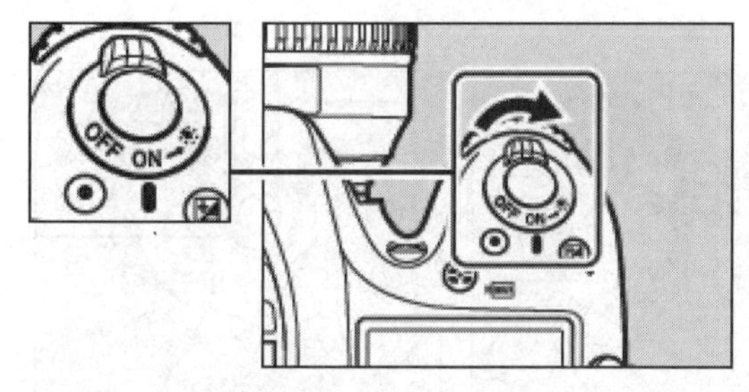

● 图 4—32　开启照相机

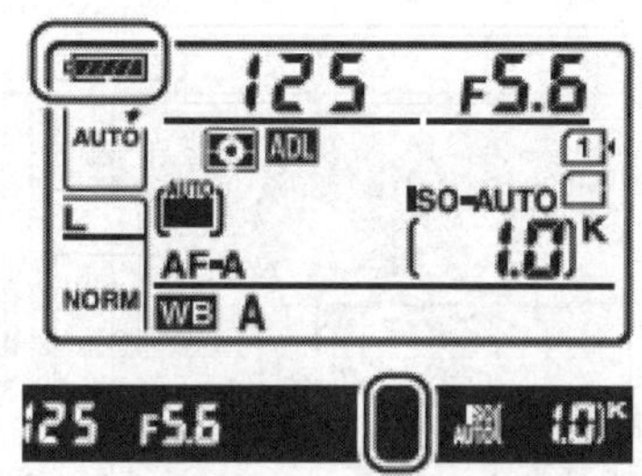

● 图 4—33　检查电池电量

第三步：检查剩余可拍摄张数。控制面板和取景器显示了在当前设定下可拍摄的照片数量（超过 1 000 的值将以千位和百位数来显示，而十位数以下舍弃；例如 1 000 ~ 1 099 的值显示为 1.0 K），如图 4—34 所示。若照相机插有两张存储卡，该显示则表示插槽 1 中存储卡的可用空间。当剩余可拍摄张数为 0 时，该数值将闪烁，快门速度显示中将出现闪烁的 Full 或 Ful，并且代表该卡的图标将会闪烁。此时应插入另一张存储卡或删除一些照片。

2. “即取即拍”型拍摄（AUTO 和 ⑤ 模式）

在这种自动“即取即拍”模式下，照相机可根据拍摄环境控制大多数设定。其操作步骤如下：

第一步：选择 AUTO 或 模式。处于禁止使用闪光灯拍摄的场所，拍摄婴儿或在光线不足的环境下捕捉自然光线，请将模式拨盘旋转至 选择自动（闪光灯关闭）模式。否则，应将模式拨盘旋转至 AUTO（自动），如图 4—35 所示。

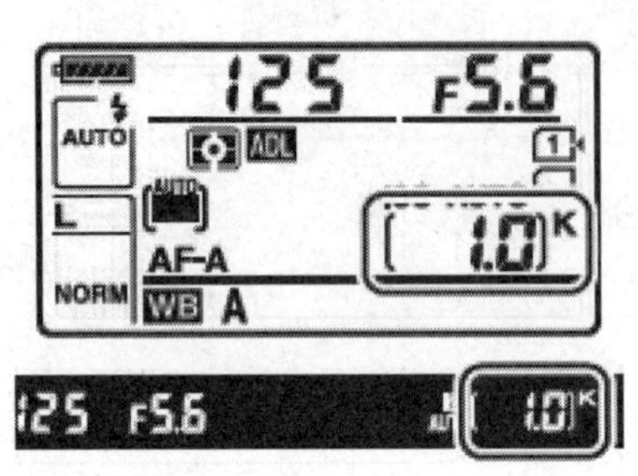

● 图 4—34 剩余可拍张数

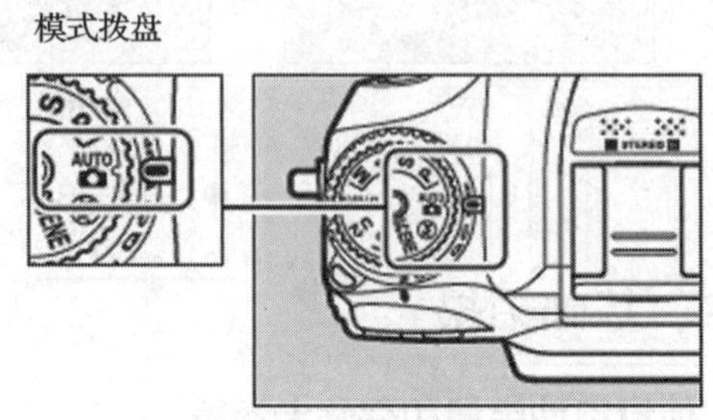

● 图 4—35 选择 AUTO 或 模式

第二步：准备照相机。在取景器中构图时，如图 4—36 所示，用右手握住照相机的操作手柄，用左手托住照相机机身或镜头，并用肘部轻贴身体以作支撑，同时一只脚向前站半步以保持上身的平稳。当以人像（竖直）方向构图时，应按照图 4—36 中第三幅图所示持握照相机。

● 图 4—36 准备照相机

在 模式下，当光线不足时，快门速度将降低，此时应使用三脚架。

第三步：构图及半按快门释放按钮。在取景器中构图，将主要拍摄对象置于 AF 区域框内，如图 4—37 所示。半按快门释放按钮进行对焦，如图 4—38 所示。若拍摄对象光线不足，闪光灯可能弹出，AF 辅助照明器也可能点亮。

第四步：在取景器中查看指示。当对焦操作完成时，取景器中将显示对焦指示（●），如图 4—39 所示。对焦指示及说明见表 4—7，半按住快门释放按钮时，取景器中将显示内存缓冲区（“ ”）中可存储的图像张数。

● 图 4—37 构图

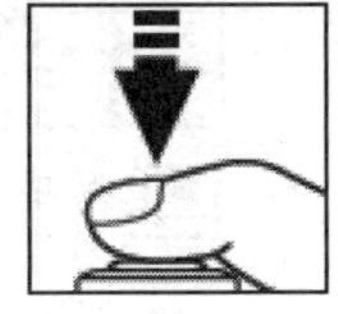

● 图 4—38 半按快门

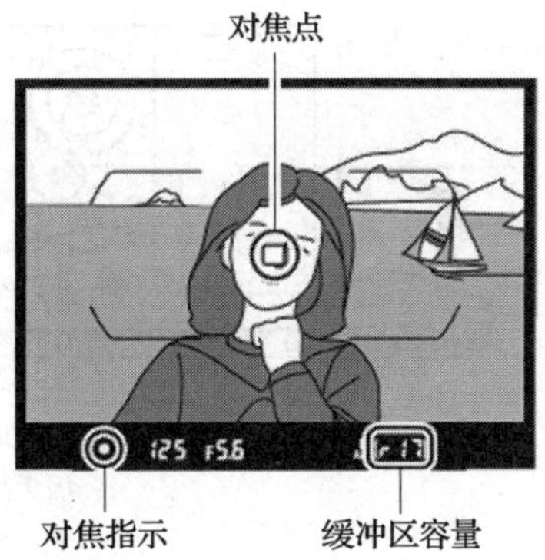

● 图 4—39 在取景器中查看指标

表 4—7 对焦指示及说明

对焦指示	说明
●	拍摄对象清晰对焦
▶	对焦点位于照相机和拍摄对象之间
◀	对焦点位于拍摄对象之后
▶◀（闪烁）	照相机无法使用自动对焦进行对焦

第五步：拍摄。平稳地完全按下快门释放按钮，以释放快门并记录照片。照片记录到存储卡上时，存储卡插槽盖旁的存储卡存取指示灯将会点亮。在该指示灯熄灭且记录完成前，不要弹出存储卡，也不要取出电池或切断电源，如图 4—40 所示。

三、照片浏览及删除

1. 照片浏览

第一步：按下 ▶ 按钮。显示屏中将显示一张照片。包含当前所示照片的存储卡将以一个图标标识，如图 4—41 所示。

第二步：查看其他照片。按下▶或◀可显示其他照片，如图 4—42 所示。若要查看当前照片的其他信息，可按下▲或▼，如图 4—43 所示。若要结束播放并返回拍摄模式，可半按快门释放按钮。

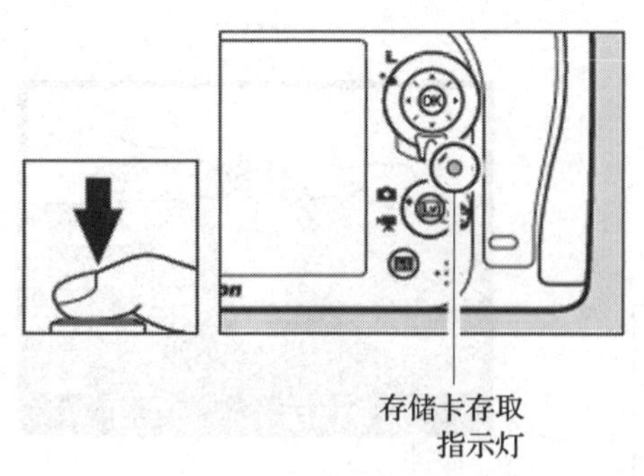

● 图 4—40　拍摄

● 图 4—41　按下 ▶ 按钮

● 图 4—42　查看其他照片

● 图 4—43　查看其他照片信息

2. 删除照片

若要删除显示屏中当前显示的照片，可按以下步骤操作。应注意，照片一旦被删除，将不能恢复。

第一步：显示照片。显示希望删除的照片，当前图像的位置将在屏幕的左下角以图标进行标识，如图 4—44 所示。

第二步：删除照片。按下 🗑（FORMAT）按钮。屏幕中将显示一个确认对话框；再次按下 🗑（FORMAT）按钮可删除图像并返回浏览状态，如图 4—45 所示。若不删除照片直接退出，可按下 ▶ 按钮。

● 图 4—44　显示照片

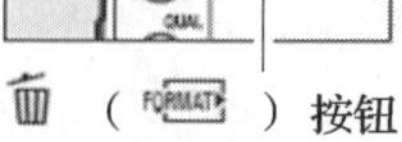

● 图 4—45　删除照片

任务三　数码相机的维护与保养

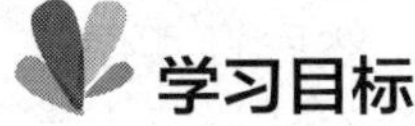

学习目标

1. 能够处理数码相机使用中的常见问题。
2. 能够正确完成数码相机及电池的日常维护。

数码相机在使用过程中，常常遇到各式各样的问题，其中有些是较为简单、可自行处理的故障，而有些是使用方法有误或参数配置有误造成的，这些问题通常查阅说明书即可对症解决。

一、常见问题的处理

数码相机使用过程中出现的电源不正常、拍摄效果不正常、数码相机浏览等基本功能不正常等问题，往往是由于电源电量不足、模式选择错误、参数配置不当、镜头等组件的选择与参数设置不匹配、存储卡损坏或空间不足等原因造成的，遇到此类情况可先查阅说明书，找到相应的解决方法尝试解决。

另外，相机本身通常还会对出现的问题给出提示，可根据提示进行相应的处理。表4—8中列出了显示在取景器、控制面板和显示屏中的提示，以及对应的问题和解决办法。

表4—8　　数码相机的问题提示及解决方法

提示		问题	解决方法
控制面板	取景器		
fEE（闪烁）		镜头光圈未设为最小光圈	将光圈设置为最小值
		电池电量低	换上一块充满电的备用电池
（闪烁）	（闪烁）	1. 电池电量耗尽 2. 电池无法使用 3. 数码相机和另购的电池匣中插入了电量耗尽的锂离子可充电电池或第三方电池	1. 重新充电或更换电池 2. 联系尼康授权的维修服务中心 3. 更换电池，若锂离子可充电电池电量耗尽，则对电池重新充电
dF		未安装镜头，或者安装了非CPU镜头但未指定最大光圈	安装镜头，并指定非CPU镜头最大光圈
F- -（闪烁）		1. 未安装镜头 2. 安装了非CPU镜头	1. 安装镜头，若安装了非CPU镜头，将其取下并重新安装镜头 2. 选择模式A或M
—	▶◀（闪烁）	数码相机无法使用自动对焦进行对焦	改变构图或手动对焦

二、数码相机的存放

当在较长的时间内不使用数码相机时，应取出电池并套上端子盖，然后将其存放在干燥的地方。切不可将数码相机与石脑油或樟脑丸一起存放，也不可存放在以下环境中：

1. 通风差或湿度超过 60% 的地方。

2. 产生强电磁场的设备（如电视机或收音机）附近。

3. 温度高于 50℃或低于 -10℃的场所。

三、数码相机及电池保养的注意事项

由于数码相机是非常精密的光学仪器，在使用过程中要注意对其进行保养。首先应阅读使用说明书，了解数码相机的基本特征和必要的注意事项，然后还要注意下面一些常见问题，才能保证数码相机的正常使用，延长数码相机的使用寿命。

1. 避免跌落。若受到强烈碰撞或震动，数码相机可能会发生故障。

2. 保持干燥。一般家用数码相机为非防水产品，如果将数码相机浸入水中或置于高湿度的环境中可能会发生故障。内部构造生锈将导致无法挽回的损坏。

3. 避免温度突变。温度的突变，比如在寒冷天进出有暖气的大楼可能会造成数码相机内部结露。为避免结露，在进入温度突变的环境之前，要将数码相机装入手提袋或塑料包内。

4. 远离强磁场。切勿在产生强电磁辐射或强磁场的装置附近使用或存放数码相机。无线传输器等设备产生的强静电或磁场可能会干扰显示屏，损坏存储卡中的数据或影响数码相机的内部电路。

5. 切勿长时间将镜头对准太阳或其他强光源。强光可能会损坏图像传感器或使照片上出现白色模糊。

6. 在取出电池或切断电源之前关闭数码相机。当数码相机处于开启状态，或在记录或删除图像时，不要拔出数码相机电源插头或取出电池。此时若强行切断数码相机电源，可能会导致数据丢失，还可能损坏数码相机内存或内部电路。为防止突然断电，当数码相机使用电源适配器时，请勿移动数码相机的位置。

7. 保持镜头接点的清洁。

8. 快门帘幕特别薄且极易受损，因此，在任何情况下都不可挤压帘幕，不可用清洁工具捅戳或用吹气球直吹帘幕，否则可能会划破、损坏或撕裂快门帘幕。

四、数码相机清洁的注意事项

为使数码相机具有良好的工作状态，应根据使用环境情况需要，对数码相机进行定期清洁。

在清洁数码相机之前，一定要关闭数码相机电源开关。清洁的部位及方法如下：

1. 清洁数码相机外部，使用软布轻轻擦拭数码相机机身表面。如果数码相机很脏，用中性洗涤剂浸湿后，再拧干擦拭，最后用干布擦拭。

2. 清洁液晶屏和取景框，只能使用干净的软布轻轻擦拭。

3. 清洁数码相机存储卡槽及电池槽，使用软毛刷或吹气球清理内部灰尘。

4. 清洁镜头，先用吹气球吹去灰尘，再用专业镜头纸画圆擦拭。

另外，在清洁数码相机的时候还要注意两点：一是不要使用苯或酒精及烈性溶液清洁数码相机；二是一定要在取出电池或拔下 AC 转接器后进行清洁。

第三节　数码摄像机

任务一　数码摄像机的认识

学习目标

1. 了解常见数码摄像机的类型和功能特点。
2. 了解常见数码摄像机的技术指标。

索尼公司于 1985 年研制出世界上第一台数码摄像机，在近几十年的发展过程中，数码摄像机已成为现代办公、家庭娱乐以及专业制作不可缺少的数字影像设备。数码摄像机的品牌众多，型号多样，用户要想选购到合适的数码摄像机，就需要对数码摄像机的分类及主要技术指标有所了解。

一、数码摄像机的分类

1. 按使用用途划分

（1）广播级

这类数码摄像机主要应用于广播电视领域，图像质量高，性能全面，但价格较高，

体积比较大。

（2）专业级

这类数码摄像机一般应用在广播电视以外的专业电视领域，如电化教育等，图像质量低于广播级，不过近几年一些高档专业摄像机在性能指标等方面已超过旧型号的广播级摄像机。相对消费级机型，专业级机型采用了品质表现较好的镜头，CCD 的尺寸比较大等，在成像质量和适应环境上更为突出。

（3）消费级

这类数码摄像机主要是适合家庭使用，应用在图像质量要求不高的非业务场合。这类摄像机体积小、重量轻，便于携带，操作简单，价格便宜。

如图 4—46 所示为不同用途的摄像机。

广播级　　专业级　　消费级

● 图 4—46　不同用途的摄像机

2. 按存储介质划分

（1）磁带式

磁带式摄像机指以 Mini DV 为记录介质的数码摄像机，它最早在 1994 年由 10 多个厂家联合开发而成，通过 1/4 in 的金属蒸镀带来记录高质量的数字视频信号。

（2）光盘式

光盘式摄像机指的是 DVD 数码摄像机，采用 DVD-R、DVR+R、DVD-RW、DVD+RW 格式的光盘来存储动态视频图像，操作简单、携带方便，拍摄中不用担心重叠拍摄，更不用浪费时间去倒带或回放，尤其是可直接通过 DVD 播放器即刻播放，省去了后期编辑的麻烦。DVD 介质是目前所有的介质数码摄像机中安全性、稳定性最高的，既不像磁带 DV 那样容易损耗，也不像硬盘式 DV 那样对防震有非常苛刻的要求。不足之处是 DVD 光盘的价格与磁带 DV 相比略微偏高，且可刻录的时间较短。

（3）硬盘式

硬盘式摄像机指的是采用硬盘作为存储介质的数码摄像机。大容量硬盘摄像机能够确保长时间拍摄，向计算机传输拍摄素材不再需要 Mini DV 磁带摄像机那样烦琐、专业的视频采集设备，仅需应用 USB 接口与计算机连接，就可轻松完成素材导出。

（4）存储卡式

存储卡式摄像机指的是采用存储卡作为存储介质的数码摄像机，目前大多采用SD卡等作为介质，因SD卡通用性较强、读取方便、便于更换、扩展性强，目前已成为较为常见的一种类型。

3. 按传感器分

（1）按传感器类型分

CCD：电荷耦合器件图像传感器（Charge Coupled Device），使用一种高感光度的半导体材料制成，能把光线转变成电荷，通过模数转换器芯片转换成数字信号。

CMOS：互补性氧化金属半导体（Complementary Metal Oxide Semiconductor），和CCD一样同为数码摄像机中可记录光线变化的半导体。

在相同分辨率下，CMOS价格比CCD便宜，但是CMOS器件产生的图像质量相比CCD来说要低一些。

（2）按传感器数目分

图像感光器数量即数码摄像机感光器件CCD或CMOS的数量，多数的数码摄像机采用单CCD作为其感光器件，而一些中高端的数码摄像机则用3CCD作为其感光器件。

单CCD是指摄像机里只有一片CCD并用其进行亮度信号以及彩色信号的光电转换。由于一片CCD同时完成了亮度信号和色度信号的转换，因此拍摄出来的图像在彩色还原上达不到很高的水平。

3CCD顾名思义就是一台摄像机使用了3片CCD。与单CCD相比，3CCD分别用一片CCD转换红、绿、蓝信号，然后经过电路处理后产生图像信号，其拍摄出来的图像从色彩还原上要比单CCD自然，亮度及清晰度也要更高。

二、数码摄像机的主要技术指标

1. 像素

像素是衡量数码摄像机成像质量的一个重要指标，其大小直接决定所拍摄的影像的清晰度、色彩以及流畅程度，像素越大越好。

2. 镜头

镜头是决定数码摄像机成像质量的重要因素。一是光学变焦倍数，光学变焦倍数越大，拍摄场景可取舍程度就越大，对拍摄时的构图会带来很大的方便。二是镜头口径，如果口径小，即使再大的像素，在光线比较暗的情况下也拍摄不出好的效果。

3. 数码变焦

数码变焦通过数码摄像机内部的处理器，把图片内的每个像素的面积增大，从而达到放大的目的。与光学变焦不同，数码变焦只是利用感光器件使画面在垂直方向上

的变化，实现变焦效果。通过数码变焦，拍摄的景物放大了，但清晰度会有一定程度的下降。

4. 液晶显示屏

数码摄像机的液晶显示屏是用于观察拍摄时的画面和画面回放的窗口，好的液晶显示屏亮度高，像素大，同时显示面积也大。

任务二　数码摄像机的使用

学习目标

1. 了解数码摄像机各部件的名称及功能。
2. 能够正确使用数码摄像机完成录像和照片的拍摄。

要正确使用数码摄像机，就必须充分了解数码摄像机的各项功能，熟悉基本的操作方法。本任务的主要内容就是以索尼 HDR-PJ510E 数码摄像机为例，练习使用数码摄像机进行拍摄。

一、索尼 HDR-PJ510E 数码摄像机各部件的名称及功能

1. HDR-PJ510E 数码摄像机的镜头部分，如图 4—47 所示。

2. HDR-PJ510E 数码摄像机的监视器部分，如图 4—48 所示。将液晶屏旋转 180°，则可以使液晶屏以朝外方式合拢。

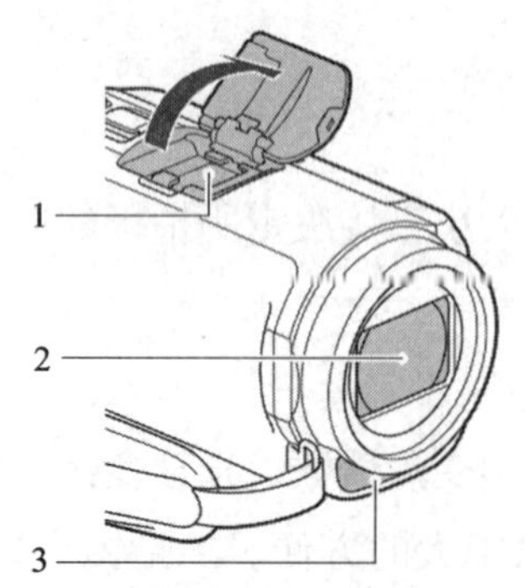

● 图 4—47　镜头部分

1—多功能接口　2—镜头（搭载 G 镜头）
3—内置麦克风

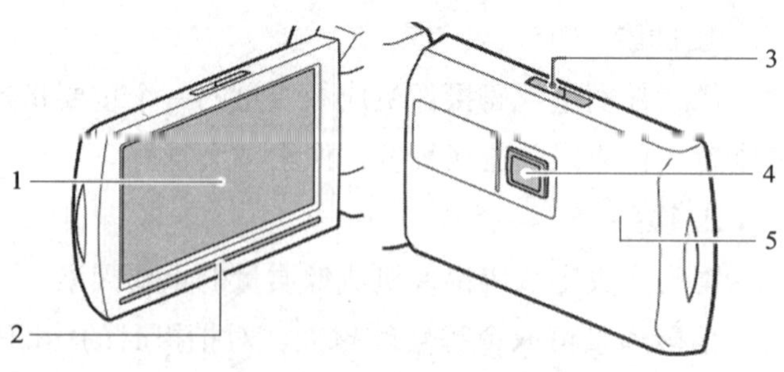

● 图 4—48　监视器部分

1—液晶屏 / 触摸面板　2—扬声器　3—投影聚焦控制杆
4—投影镜头　5—GPS 天线

3. HDR–PJ510E 数码摄像机的侧面部分（监视器一边），如图 4—49 所示。存储卡存取指标灯亮起或者闪烁时，表示正在读取或写入数据。

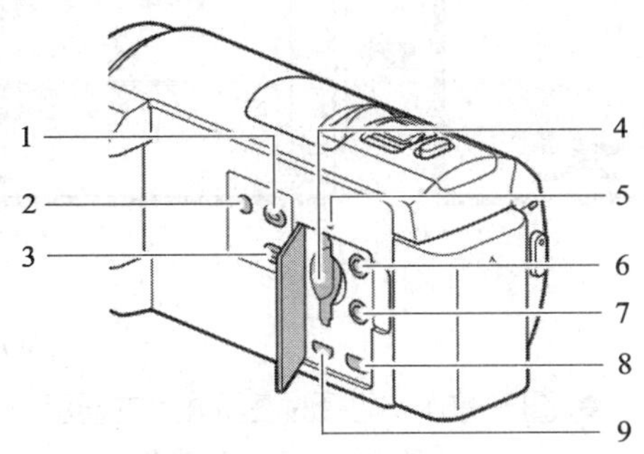

● 图 4—49 侧面部分（监视器一边）

1—观看影像按钮 ▶ 2—POWER（电源）按钮 3—PROJECTOR（投影）按钮 4—存储卡插槽
5—存储卡存取指示灯 6—麦克风插孔 7—耳机插孔 8—PROJECTOR IN 插孔 9—HDMI OUT 插孔

4. HDR–PJ510E 数码摄像机的侧面部分（腕带一边），如图 4—50 所示。

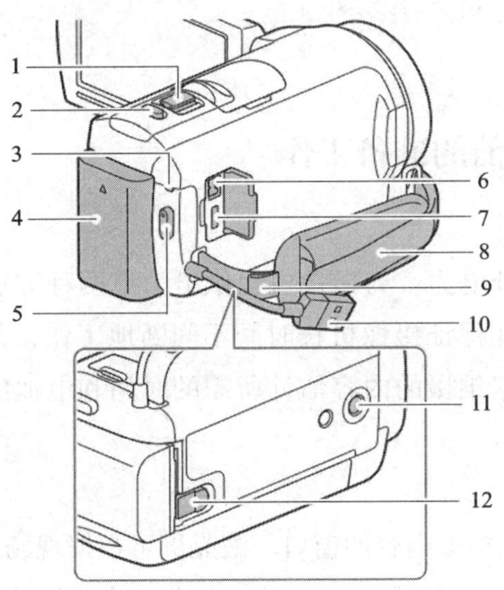

● 图 4—50 侧面部分（腕带一边）

1—变焦控制杆 2—PHOTO（照片）按钮 3—POWER（电源）/CHG（充电）指示灯 4—电池组
5—START/STOP（开始 / 停止）按钮 6—DC IN 插孔 7—Multi/Micro USB 端子 8—腕带 9—肩带挂钩
10—内置式 USB 数据线 11—三脚架用螺丝孔 12—BATT（电池）释放杆

二、拍摄时画面显示的说明

如图 4—51 所示的是在动画模式和照片模式时液晶屏上的内容说明。

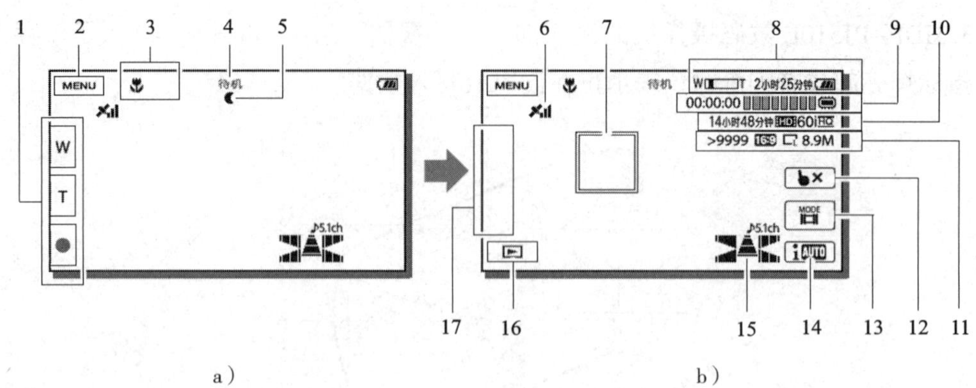

● 图 4—51 拍摄时液晶屏上的显示

a）动画模式 b）照片模式

1—变焦按钮及拍摄拍照按钮 2—菜单按钮 3—智能自动模式 4—录制状态 5—AE/AF 锁定状态
6—GPS 定位状态 7—跟踪对焦 8—变焦、电池余量 9—计时器、照片拍摄中显示、拍摄 / 播放 / 编辑媒体
10—剩余时间、画质、帧速率、拍摄模式、动画尺寸 11—可拍摄张数、纵横比和照片尺寸
12—解除跟踪对焦 13—拍摄模式按钮 14—智能自动按钮 15—音频模式、音频等级显示
16—观看影像按钮 17—自定义按钮

实践操作

一、使用摄像机前的准备工作

1. 电力

摄像机的工作离不开电力。为摄像机提供电力有两种方法：使用交流适配器和蓄电池。使用交流适配器能保证摄像机长时间不间断地工作，如拍摄会议、报告、演出等。使用电池时，要根据拍摄的内容估计所需的时间和电池的容量，计划携带电池的数量。

2. 液晶屏及目镜

液晶屏及目镜是观察拍摄内容的窗口。液晶屏可根据现场的光线情况，调整亮度和对比度，达到图像清晰、色彩还原正确。为了使每个人都能清楚目镜里的拍摄画面，可调整目镜的趋光度，以适应人们的观察习惯。

3. 磁带或硬盘空间

使用以磁带为存储介质的数字相机时，要通过磁带盒上的标志查看磁带的长度，并根据拍摄内容的多少确定携带磁带的数量。使用硬盘或存储卡存储数据的数码摄像机时，要注意检查剩余硬盘空间，对无用的内容要及时删除，以保证有足够的存储空间，满足拍摄的需要。

4. 等待录制

任何一台家用摄像机都有录制和回放两种工作状态。在进行拍摄前，要将摄像机设置在等待录制状态。

二、摄像机的握持

数码摄像机的握持方法非常简单，应掌握相关动作要领，具体握持方法如图 4—52 所示。

● 图 4—52 摄像机的握持方法

三、录制动画

第一步：打开液晶屏，如图 4—53 所示。

第二步：按 START/STOP 按钮开始拍摄动画，再按一次 START/STOP 按钮即可停止，如图 4—54 所示。部分模式下在录制过程中还可按 PHOTO 按钮同时拍摄照片。

● 图 4—53 打开液晶屏

● 图 4—54 按下开始按钮

应注意，如果录制完成后，存取指示灯亮起或者闪烁，以及液晶屏右上角的媒体图标闪烁，表示正在将数据写入录制媒体。此时，请勿使摄像机受到冲击或震动，也不要取出电池或断开电源适配器的连接。

液晶屏可以在整个画面显示录制图像，但在不兼容全像素显示的电视机上播放时，会造成图像上下左右边缘略有剪切。此时，建议将网格线设定为“开”，并使用显示的外框作为引导框录制图像。

四、拍摄照片

如果要用数码摄像机拍摄照片，可按以下步骤完成。

第一步：打开液晶屏，选择［MODE］中的 ，如图 4—55 所示。

第二步：轻按 PHOTO 按钮调节对焦，然后完全按下，焦点对准后，AE/AF LOCK 指示灯亮，如图 4—56 所示。

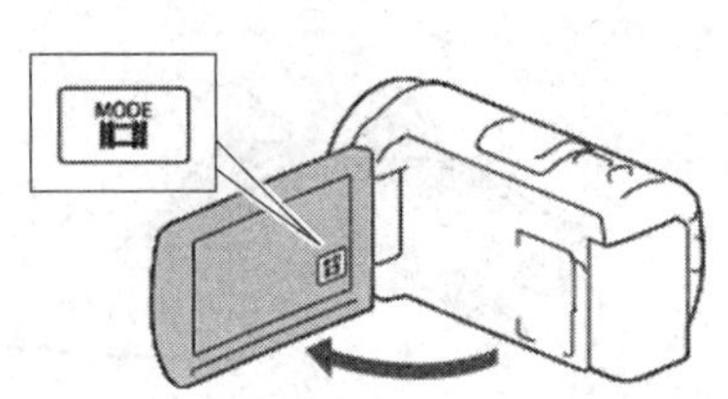

● 图 4—55　打开液晶屏

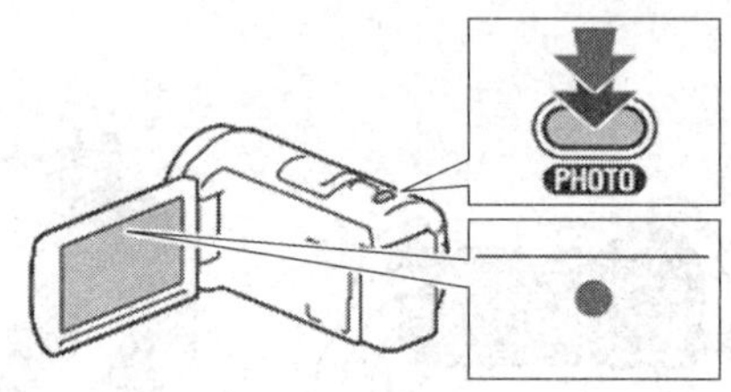

● 图 4—56　轻按 PHOTO 按钮

五、自拍和变焦

1. 自拍

先将液晶屏与机器成 90° 打开，然后往镜头侧转 180°，如图 4—57 所示。液晶屏上显示图像左右相反，但在拍摄时图像是正常的。

2. 变焦

移动变焦控制杆进行变焦。W（Wide）为宽屏 / 广角，T 为（Telephoto）长焦 / 望远，如图 4—58 所示。

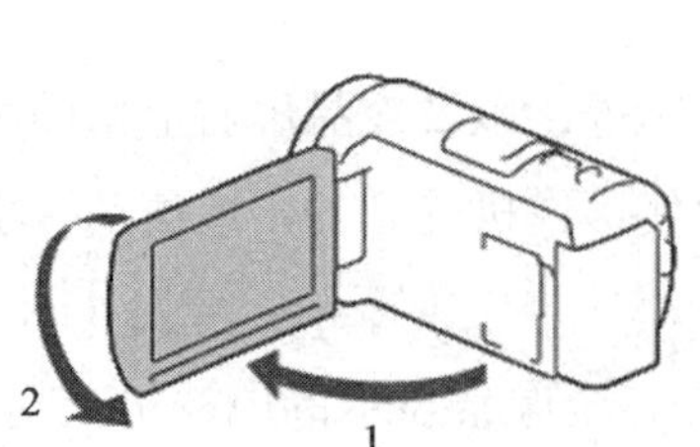

● 图 4—57　打开并旋转液晶屏

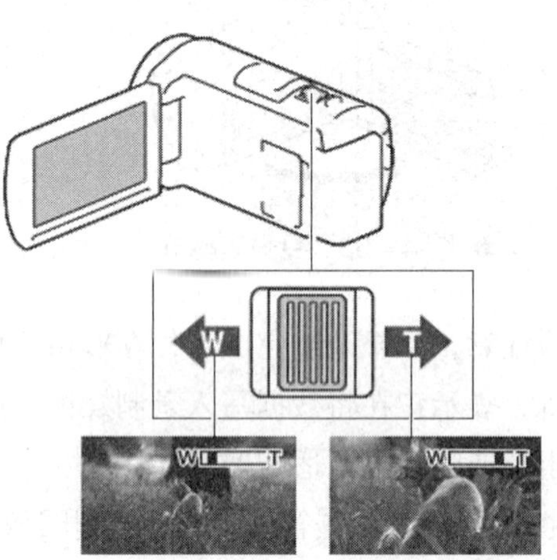

● 图 4—58　变焦操作

六、播放

可以根据拍摄时间信息搜索图像（事件浏览），或者根据地图信息搜索图像（地图浏览），操作步骤如下：

第一步：打开液晶屏，按 ▶（观看影像）设置为播放模式，如图 4—59 所示。

第二步：按 〈/〉 选择事件，使想观看的事件显示在中央。HDR-PJ510E 会根据时间自动整理拍摄的图像并作为事件显示，如图 4—60 所示。

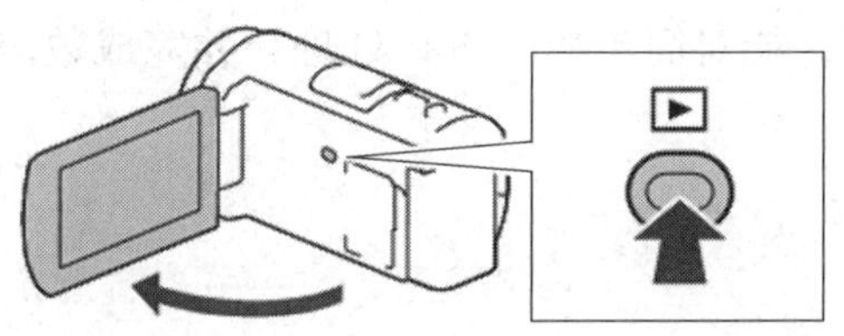

● 图 4—59　打开液晶屏并播放

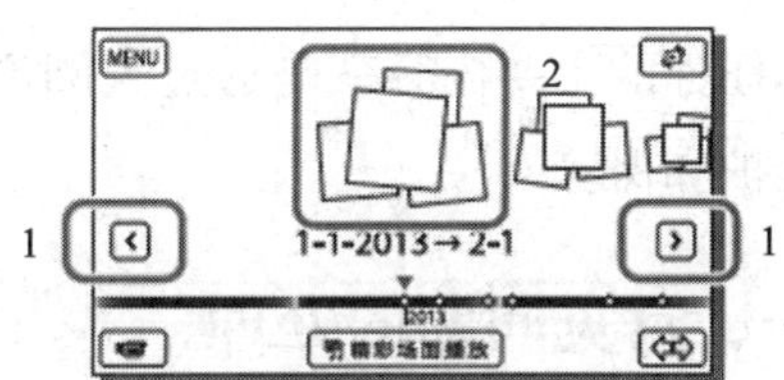

● 图 4—60　选择想要观看的事件

第三步：选择图像，如图 4—61 所示。

第四步：播放图像，液晶屏上有关播放的操作按钮如图 4—62 所示，各按钮的功能见表 4—9。

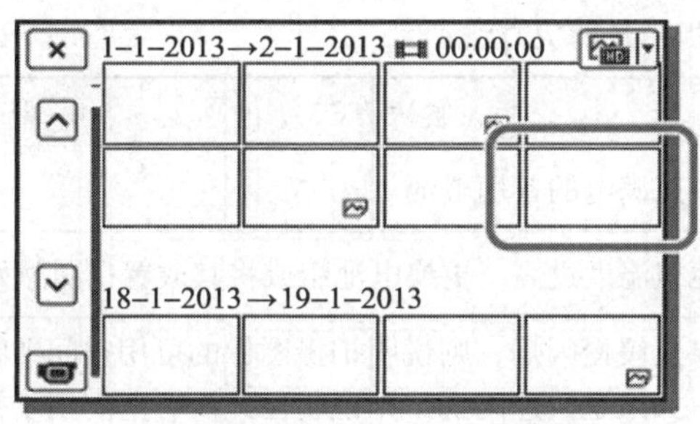

● 图 4—61　选择图像

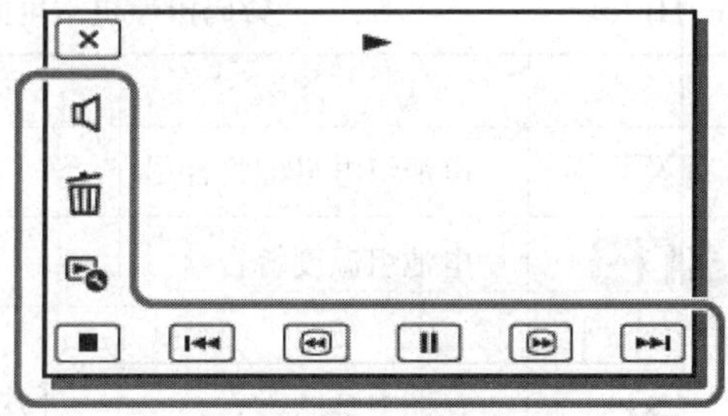

● 图 4—62　各播放按钮

表 4—9　　**各播放按钮的功能**

按钮	功能	按钮	功能
🔈	音量	⏮ / ⏭	上一个 / 下一个
🗑	删除	⏪ / ⏩	快进 / 快退
	可设定的功能	⏸ / ▶	暂停 / 播放
■	停止		开始 / 停止幻灯片放映

任务三　数码摄像机的维护与保养

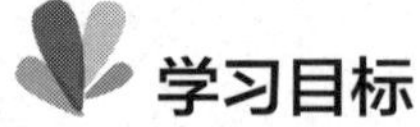

学习目标

1. 能够处理数码摄像机使用过程中的常见问题。
2. 能够完成数码摄像机的日常保养。

本任务的主要内容就是通过查阅说明书，能对简单故障进行处理，并完成数码摄像机的维护和保养。

一、常见问题的处理

与数码相机类似，数码摄像机使用过程中遇到的各种问题，通常都可通过查阅说明书，找到相应的解决方法。应注意的是，因数码摄像机的功能更为复杂、全面，其可能出现的问题也会更多、更复杂，在检查过程中，应注意准确把握故障现象，结合说明书中的相关资料进行分析判断，从而解决问题。

数码摄像机的多数故障出现时会给出提示，各问题提示及解决方法见表 4—10。

表 4—10　　数码摄像机常见问题提示及解决方法

提示	问题	解决方法
	电池组电量即将耗尽	更换充满电的备用电池
	电池组温度警告	电池组温度过高，更换电池组或将其放置在阴凉处
	存储卡空间警告	如果是缓慢闪烁，则说明拍摄图像的可用空间即将用完；如果是快速闪烁，则说明已经没有空间用于拍摄。应尽快更换存储卡或备份数据清空存储卡
	存储卡格式化警告	存储卡已经损坏或未正确格式化，更换存储卡或重新格式化
	存储卡不兼容警告	插入了不兼容的存储卡，更换存储卡
	存储卡写保护警告	存储卡已经写保护，去除写保护即可
	外部媒体设备警告	图像数据或外部媒体设备已经损坏，需检查并修复
	外部媒体设备格式化警告	外部媒体设备未正确格式化，重新格式化
	晃动警告	双手持稳进行拍摄，但晃动警告的显示不会立即消失

二、数码摄像机的日常保养

数码摄像机是一种非常精密的电子设备，为了充分发挥其效能，延长使用寿命，减少故障的出现，应当掌握一些数码摄像机及其配件的日常维护与保养知识。

1. 数码摄像机的保养

（1）要注意机器的日常保洁工作。

（2）拍摄时，避免镜头直对阳光或强光源，以免损伤光学器件。

（3）防止机器受潮，尽量不要在雨雪天进行拍摄。

（4）数码摄像机不能长时间工作，否则会损害电子器件，加速机器老化。

（5）非专业维修人员不能自行拆装数码摄像机。

2. 机器表面、投影仪镜头表面的保养

（1）对于机器表面或投影仪镜头表面的污垢，可使用眼镜布或清洁布等软布轻轻擦拭。

（2）应避免稀释剂、汽油、酒精、化学织物、驱虫剂、杀虫剂和遮光剂等化学药品触碰机器表面，以免造成机器表面变质、涂层脱落或镜头表面损伤。

（3）要避免外壳长时间接触橡胶或乙烯制品。

3. 镜头的保养和存放

在镜头表面有指印，或者在高温多湿的场所，以及海边含盐分的空气中使用过后，应使用软布将镜头表面擦拭干净，并将其存放在通风良好、污垢或灰尘很少的地方，以防止发霉。

三、数码摄像机的使用注意事项

1. 数码摄像机的握持和存放

握持机器时不要抓握插槽盖、液晶屏、电池组、内置式USB数据线等，如图4—63所示。

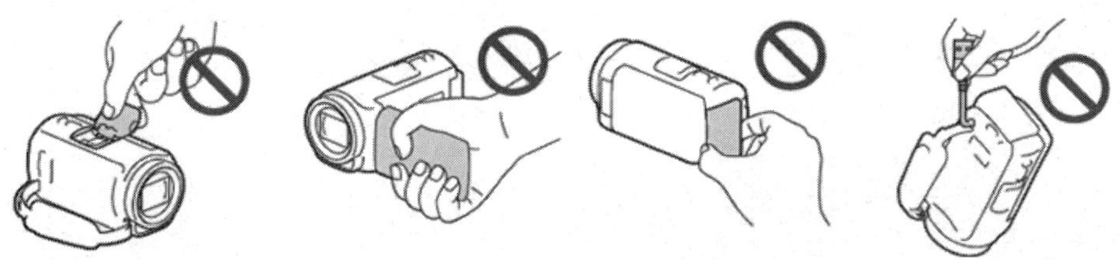

● 图4—63 握持机器时不应抓握的部位

存放数码相机时，要避开以下场所，否则可能造成故障：

（1）温度过高、过低或非常潮湿的地方。

（2）有强烈震动或有强磁场的地方。

（3）有强无线电波或辐射的场所。

（4）电视机、收音机等调谐器附近。

（5）沙地、沙滩等满是沙尘的场所。

（6）窗户旁或室外可能使液晶屏或镜头暴露在阳光下的场所。

2. 使用注意事项

在使用数码摄像机过程中，还应注意以下问题：

（1）避免弄湿机器，例如被雨水或海水淋湿。如果淋湿机器，可能出现无法修复的故障。

（2）避免任何固体或液体进入机壳内，一旦进入应拔掉机器电源插头，并由售后部门检查后方可继续使用。

（3）避免粗暴操作、拆卸、改装、撞击或击打机器。

（4）不使用机器时，应将液晶屏关闭。

（5）不得用毛巾等物品包住机器进行操作，否则可能造成热量积聚在内部。

（6）当要断开电源线连接时，应抓住插头拔，不要拉电源线。

（7）不得在电源线上放置重物等。

（8）不得使用已变形或损坏的电池组。

（9）保持金属触点清洁。

3. 长时间不使用机器时的处理

若要使机器长期保持最佳状态，大致应每月将机器打开一次并通过拍摄和播放图像使其运行。长时间存放机器之前应将电池组电量完全耗尽。

4. 湿气凝结处理

如果将机器直接从寒冷的环境带入温暖的场所，机器内部可能产生湿气凝结，导致机器故障。如果已经产生湿气凝结，则应关闭机器电源，并放置1 h左右，直至湿气凝结消除。

第五章 存储设备

存储设备是将信息数字化后再利用电、磁或光学等方式加以存储的设备。其中，利用电能方式存储信息的设备如 RAM、ROM 等各式存储器；利用磁能方式存储信息的设备如硬盘、软盘、磁带、U 盘等；利用光学方式存储信息的设备如 CD 或 DVD 等。

第一节 U 盘

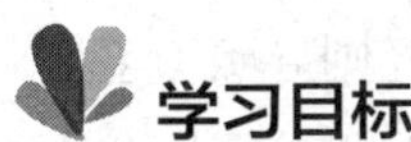

学习目标

1. 了解 U 盘的结构。
2. 了解常见 U 盘的主要技术指标。
3. 能够正确使用并保养 U 盘。

U 盘全称 USB 闪存盘，英文为“USB Flash Disk”，通过 USB 接口与电脑连接传输数据，实现即插即用。

一、U 盘的功能和结构

U 盘是基于 USB 接口、以闪存芯片为存储介质的无须驱动器的存储设备。U 盘的出现是移动存储领域的一大突破，其体积小巧，特别适合随身携带，可以随时随地、轻松交换资料数据。

U 盘的结构基本上由五部分组成：USB 接口、主控芯片、FLASH（闪存）芯片、

PCB 底板、外壳封装。USB 接口负责连接电脑，是数据输入或输出的通道；主控芯片负责各部件的协调管理和下达各项动作指令，并使计算机将 U 盘识别为“可移动磁盘”，是 U 盘的“大脑”；FLASH 芯片与电脑中内存条的原理基本相同，是保存数据的实体，其特点是断电后数据不会丢失，能长期保存；PCB 底板是负责提供相应处理数据平台，且将各部件连接在一起。

二、U 盘的技术指标

U 盘性能指标主要有存储容量、数据传输率、写入数据传输率、支持接口类型、支持的操作系统、是否支持分区、加密功能、数据保存时间、工作环境温度、存放温度、运行相对湿度等。高端的 U 盘还有智能纠错技术（ECT，Error Control Technique），通过固化在 U 盘内部的数据纠错软件，在数据写入时，自动调用系统对写入数据即时巡检，并同原始数据进行核对。

U 盘的数据读取速度和数据写入速度除了取决于 U 盘本身，也与计算机的配置有关。

三、U 盘使用时的注意事项

1. 在无毒情况下使用 U 盘

现在病毒无处不在，所以在使用 U 盘之前，一定要先确保计算机中没有病毒，否则一旦 U 盘遭到病毒入侵，就会导致 U 盘里面的数据丢失，甚至造成 U 盘损坏。

2. 不要在数据传输过程中将 U 盘拔出

在进行数据传输时，一定不要将 U 盘直接拔出，如果强行退出，轻则导致 U 盘上的数据丢失，重则导致 U 盘内部芯片烧坏。另外，当系统有提示说“无法退出”时，也不要直接将 U 盘拔出，应关闭所有 U 盘打开的文件后，再将其安全退出。

3. 数据传输完成后，立即安全退出 U 盘

如果 U 盘一直插在计算机上，即使是不使用 U 盘，U 盘也属于工作状态，发热量会越来越大，这样很容易导致 U 盘接口老化，降低 U 盘的使用时间。因此，当不使用 U 盘时，要及时拔出 U 盘。

四、U 盘的保养

1. 保持 U 盘清洁

在 U 盘的使用过程中，保持 U 盘清洁特别重要，如果 U 盘接触口积累大量的灰尘和污垢，会严重影响数据传输的效率。如果读卡器或者更为精细的内部零件积累灰尘的话，还会导致电路发生故障。因此，一定要养成定期清洁 U 盘的习惯，当发现 U 盘接触口有污垢时，可以用软棉布或者眼镜布轻轻擦拭，但不要用清水直接擦拭。不使用

时，最好将 U 盘置于包装盒或收纳盒内。

2. 远离潮湿

U 盘应放置在干燥的环境中，防止 U 盘短路和生锈损坏。在日常生活中，也不要将 U 盘直接装在口袋里，以防止汗渍把 U 盘弄湿。

3. 防止 U 盘破碎、破裂

在 U 盘的使用过程中，应注意轻拿轻放避免震动。否则，一旦 U 盘内芯遭到破坏，就会造成资料无法读取的后果。

4. 防止 U 盘被腐蚀

在 U 盘的使用过程中，一定要避免 U 盘直接接触含有化学成分的物品，比如香水、肥皂水等，以避免其含有的化学成分腐蚀 U 盘内的金属。另外，不要将 U 盘的接口长时间暴露在空气中，以免金属表面被氧化，降低接口敏感性。

5. 定期对 U 盘进行杀毒

为了预防病毒，可以使用杀毒软件，定期对 U 盘进行杀毒。

第二节 移动硬盘

1. 了解常见移动硬盘的功能特点。
2. 了解常见移动硬盘的主要技术指标。
3. 能够安装管理软件对移动硬盘进行管理和维护。
4. 能够处理移动硬盘使用过程中的常见问题。

移动硬盘（Mobile Hard Disk）顾名思义是以硬盘为存储介质，与计算机之间交换大容量数据，强调便携性的存储产品。移动硬盘多采用 USB、IEEE1394 等传输速度较快的接口，可以较高的速度与系统进行数据传输。

一、移动硬盘的特点

1. 容量大

移动硬盘可以提供相当大的存储容量，是一种较具性价比的移动存储产品。在大容量“闪盘”价格还仅初步被用户接受的情况下，移动硬盘能在用户可以接受的价格范围

内，提供给用户较大的存储容量和不错的便利性。目前市场中的移动硬盘能提供几TB的容量，可以说是U盘、磁盘等闪存产品的升级版，被大众广泛接受。随着技术的发展，移动硬盘的容量将越来越大。

2. 体积小

移动硬盘体积小，常见的有1.8寸、2.5寸和3.5寸三种。1.8寸、2.5寸移动硬盘盒体积小、重量轻，便于携带，一般没有外置电源。较大容量的移动硬盘以2.5寸较为常见。3.5寸的硬盘，体积较大，便携性相对较差，当前多以较大容量的台式存储器的形式出现。3.5寸的硬盘盒内一般都自带外置电源。

3. 传输速度快

移动硬盘大多采用USB或IEEE1394接口，能提供较高的数据传输速度。不过移动硬盘的数据传输速度在一定程度上受到接口速度的限制。理论上，USB2.0接口传输速率是60 MB/s，USB3.0接口传输速率是625 MB/s，IEEE1394接口传输速率是50～100 MB/s。

4. 使用方便

具备USB接口的移动硬盘在大多数版本的Windows操作系统中都不需要安装驱动程序，具有真正的“即插即用”特性，使用起来灵活方便。

5. 可靠性高

数据安全一直是移动存储用户最为关心的问题，也是人们衡量该类产品性能好坏的一个重要标准。移动硬盘以高速、大容量、轻巧便捷等优点赢得许多用户的青睐，而更大的优点还在于其存储数据的安全可靠性。这类硬盘与笔记本计算机硬盘的结构类似，多采用硅氧盘片。这是一种比铝、磁更为坚固耐用的盘片材质，并且具有更大的存储量和更好的可靠性。采用以硅氧为材料的磁盘驱动器，以更加平滑的盘面为特征，有效地降低了盘片可能影响数据可靠性和完整性的不规则盘面的数量，更高的盘面硬度使USB硬盘具有很高的可靠性。另外还具有防震功能，在剧烈震动时盘片自动停转并将磁头复位到安全区，防止盘片损坏。

二、移动硬盘主要技术指标

1. 平均寻道时间和平均访问时间

当计算机对硬盘下达一个读取或写入数据的指令后，磁头会移动到指定的磁道上方，磁道上相应的扇区会移动到磁头下方，然后才开始读或写的操作。硬盘的平均寻道时间（Average Seek Time），其实就是磁头移动到指定磁道上方的平均时间，而磁道上相应的扇区会移动到磁头下方的平均时间，称为硬盘的平均潜伏期（Average Latency）。很显然，这里的寻道时间和潜伏时间再加上一些指令处理等操作时间，才是指令发出后到硬盘真正开始读写操作的时间，也就是平均访问时间（Average Access Time）。一般情况下，硬盘转速越快，平均潜伏期越短，同转速硬盘的平均潜伏期基本一样（7 200 rpm 硬盘的平均潜伏期大约为 4.16 ms），而指令处理等操作的时间非常短，完全可以忽略（可以看作是随机情况下产生的误差）。硬盘的平均访问时间可以通过测试软件测试出来，在看结果数据的时候可以注意这项指标，它和硬盘的性能有着重要的关系。

2. 转速

通常以每分钟多少转来衡量硬盘的转速。硬盘在工作的时候，盘片高速旋转，磁头不断读取盘片上的数据。如果磁道的扇区密度是一定的，转速越高，单位时间内磁头扫过的扇区就越多，数据传输率会提高。高转速的另一大意义是缩短硬盘的平均潜伏期，提高硬盘的平均访问时间，从而提升整个硬盘的性能。

3. 缓存

不仅是硬盘，在 CPU、光存储等设备中，缓存都对性能有着重要的影响。

4. 数据传输率

硬盘的数据传输率是其性能的实际表现，它并非一成不变，而是随机变化的。这个数值分为内部数据传输率和外部数据传输率。内部数据传输率指磁头和缓存的数据传输率，外部数据传输率指缓存和计算机系统之间的数据传输率。平时所说的 ATA 100、ATA 133 是指硬盘理论最大外部数据传输率，例如 ATA 100 指的是硬盘的外部最大数据传输率为 100 MB/s。硬盘的内部传输率要比外部传输率低。需要注意的是，此处所指均为最大数据传输率，实际上日常工作中硬盘的数据传输率很难达到这个值。通常硬盘厂商也会标出硬盘的持续数据传输率，它最接近硬盘真实的数据传输能力。

5. 发热量和噪声

硬盘和现在的 CPU、显卡不同，它并非是一个必须具备散热器才能工作的产品。通常硬盘在出厂的时候厂家会对其进行各种苛刻环境下的工作测试，包括高温环境下的测试以及老化测试等。从这个意义上说，合格出厂的硬盘都是不必要担心其发热量的。早期的硬盘工作噪声确实比较大，而新款硬盘基本上都采用了各种静音技术，噪声都在很低的水平。

三、移动硬盘的使用注意事项

1. 移动硬盘作为一个电子设备，应避免摔、撞等外力作用。一旦内部受到强外力的作用会很容易造成硬盘物理损坏，无法修复。

2. 个别老旧台式计算机，USB 端口电流较大，连接后有可能造成移动硬盘损坏，使用时应注意。

3. 移动硬盘在使用时是高速运转的，应避免震动和移动硬盘。

4. 移动硬盘使用时应尽量避免强磁场。

5. 使用结束后要按正确步骤弹出设备，避免直接插拔。

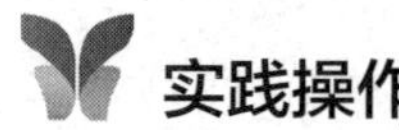

实践操作

一、西部数据 My Passport Ultra 2TB 移动硬盘的认识和连接

西部数据 My Passport Ultra 2TB 移动硬盘出厂时已格式化为单一的 NTFS 分区，兼容所有最新的 Windows 操作系统。

1. 西部数据 My Passport Ultra 2TB 的外观

My Passport Ultra 2TB 移动硬盘外部具有电源 / 活动指示灯、USB3.0 接口等，如图 5—1 所示。

电源 / 活动指示灯用于显示移动硬盘的运行状态，其含义见表 5—1。

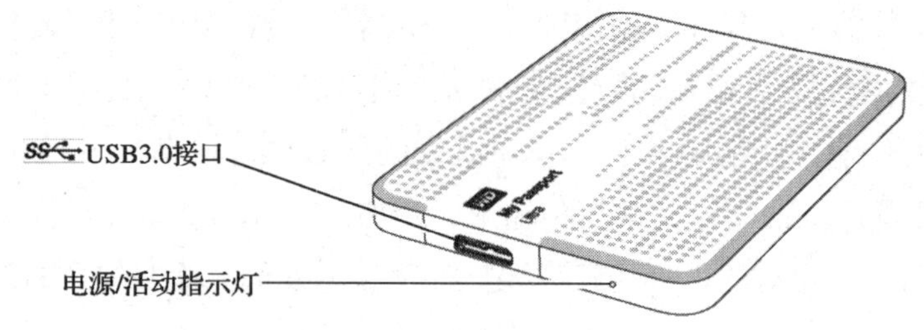

● 图 5—1　移动硬盘外观

表 5—1　指示灯状态表

指示灯状态	运行状态
稳定发光	空闲
快闪，每秒闪 3 次左右	活动
慢闪，每隔 2.5 秒闪一次	系统正处理待机状态

2. 连接移动硬盘到计算机

第一步：开启计算机，连接移动硬盘到计算机，如图 5—2 所示。

第二步：确认移动硬盘出现在计算机的文件管理应用程序列表中，如果出现“找到新的硬件”对话框，单击取消将其关闭。WD 软件将为硬盘安装适当的驱动程序，完成以后可直接将其当作外部存储设备使用。也可以通过安装硬盘上自带的 WD 软件来增强其性能。

二、WD 软件的安装使用

WD 软件是 My Passport Ultra 2TB 移动硬盘自带的软件，通过安装该软件，可以提高移动硬盘的性能。

1. WD 软件的安装

第一步：运行移动硬盘自带的 WD Apps 安装文件，弹出 WD Apps 安装向导，如图 5—3 所示，单击“下一步”按钮显示最终用户许可协议。

第二步：阅读并接受协议，单击“下一步”按钮显示“自定义安装”对话框，如图 5—4 所示。

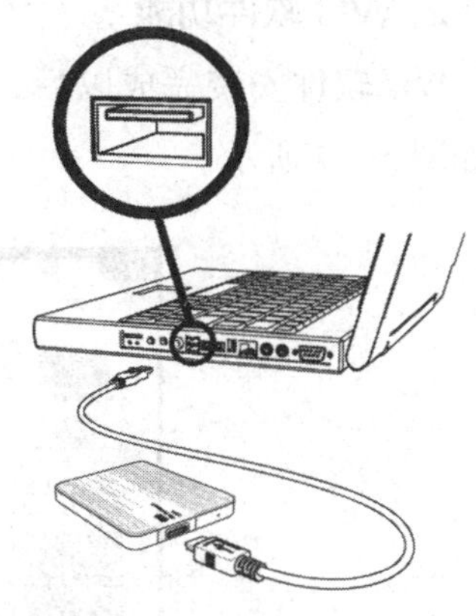

● 图 5—2 连接移动硬盘到计算机

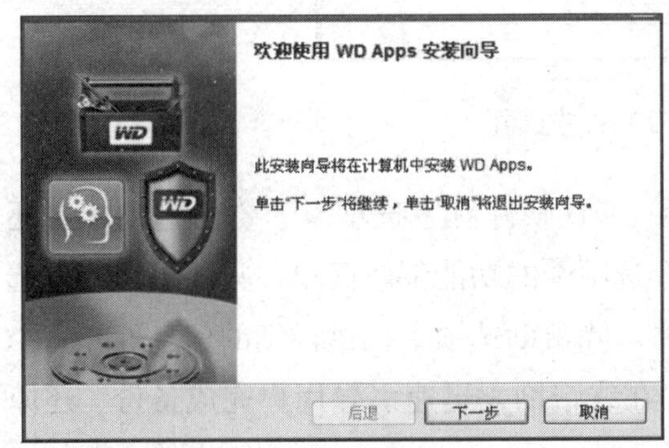

● 图 5—3 WD Apps 安装向导对话框

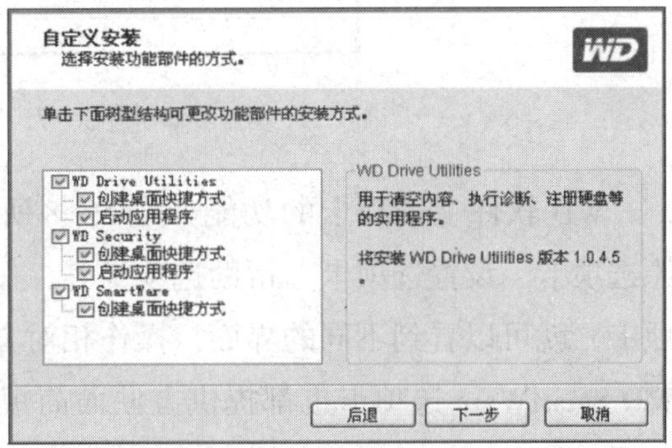

● 图 5—4 自定义对话框

第三步：在“自定义安装”对话框上，根据需要选择相应的组件。单击“下一步”按钮，安装选定的应用程序和选项，如图 5—5 所示。

第四步：安装完成时，单击“完成”按钮，退出 WD Apps 安装向导，如图 5—6 所示。

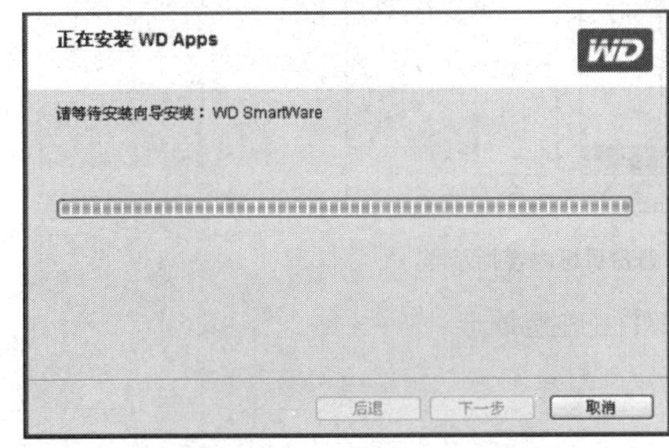

● 图 5—5 安装进度对话框

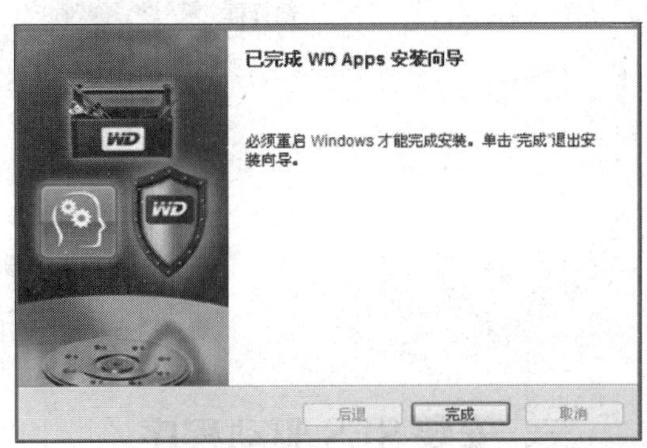

● 图 5—6 安装完成对话框

2. WD 软件功能

WD 软件安装完成以后，就可以运行该软件来提高移动硬盘的性能。WD 软件主界面如图 5—7 所示。

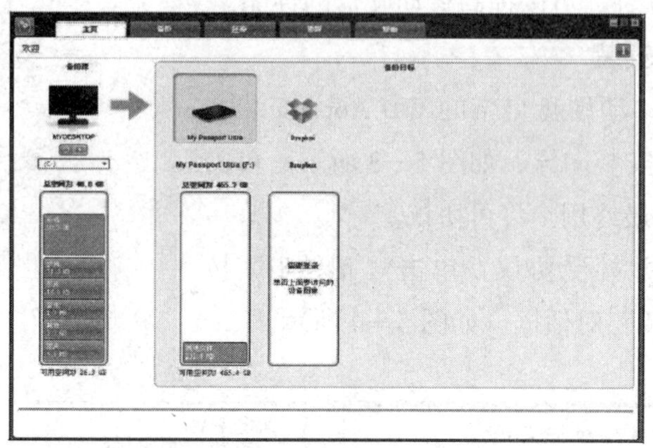

● 图 5—7　WD 软件主界面

WD 软件主选项卡的功能如图 5—8 所示。WD 软件有主选项卡、备份选项卡、还原选项卡、设置选项卡、帮助选项卡等，每个选项卡的功能都较简单，只要单击相应选项卡，就可以看到不同的界面，操作相对方便。除帮助选项卡提供详细的信息外，每个 WD SmartWare 选项卡也都提供方便而简短的在线帮助，迅速引导用户完成备份、还原和设置任务。

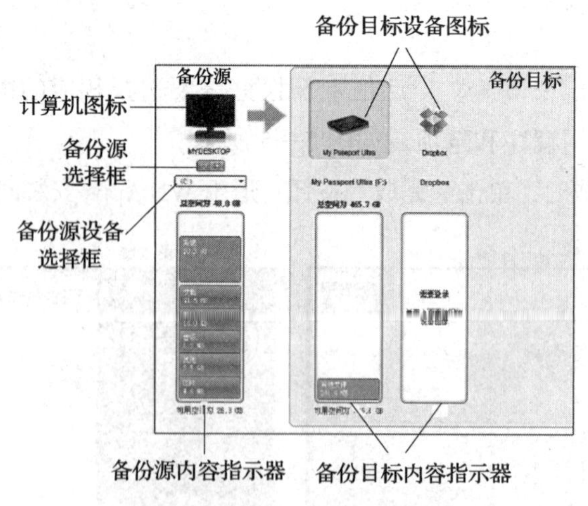

● 图 5—8　WD 软件的主选项卡

三、安装 SES 驱动程序

如果不安装 WD 软件，也应在 Windows 计算机上安装 SCSI Enclosure Services（SES）

驱动程序。当安装 WD 软件时将自动安装 SES 驱动程序。

在 Windows 7 计算机中安装 SES 驱动程序的方法如下：

第一步：打开所有程序，并右键单击“计算机”选择“管理”，如图 5—9 所示。

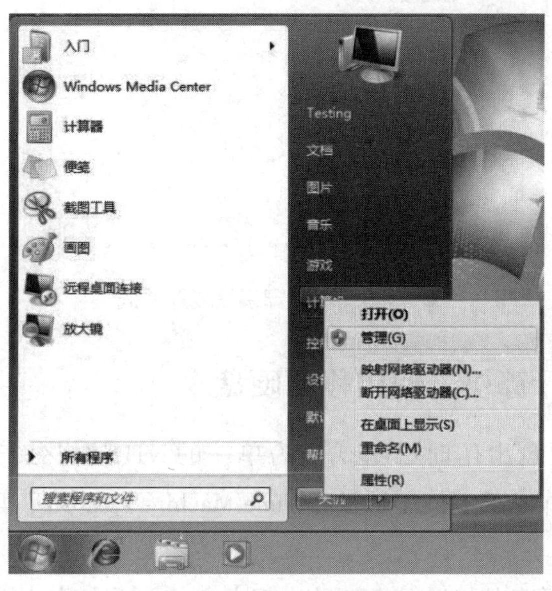

● 图 5—9 打开“管理”

第二步：在“计算机管理（本地）”下，选择“设备管理器”→“未知设备”，然后右键单击更新驱动程序软件，如图 5—10 所示。

第三步：单击“浏览计算机以查找驱动程序软件”，如图 5—11 所示。浏览至计算机，双击 My Passport 硬盘，双击“Extras”文件夹，然后选择 WD SES 设备驱动程序，单击“下一步”按钮，安装完成后，单击“关闭”按钮，如图 5—12 所示。

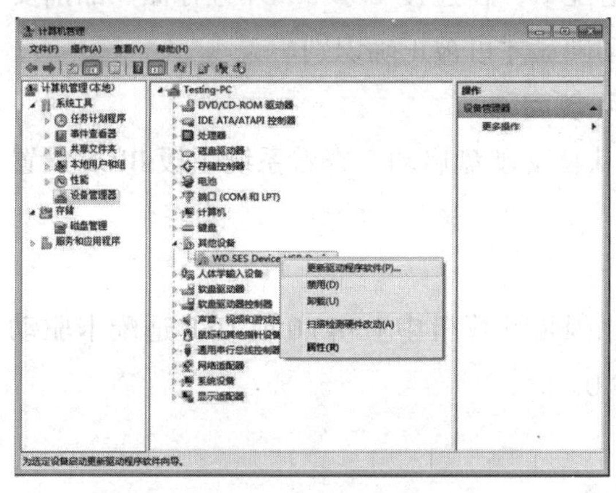

● 图 5—10 设备管理器对话框

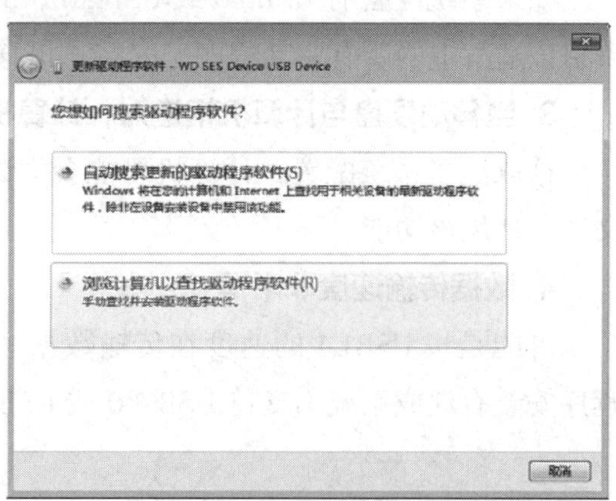

● 图 5—11 浏览计算机对话框

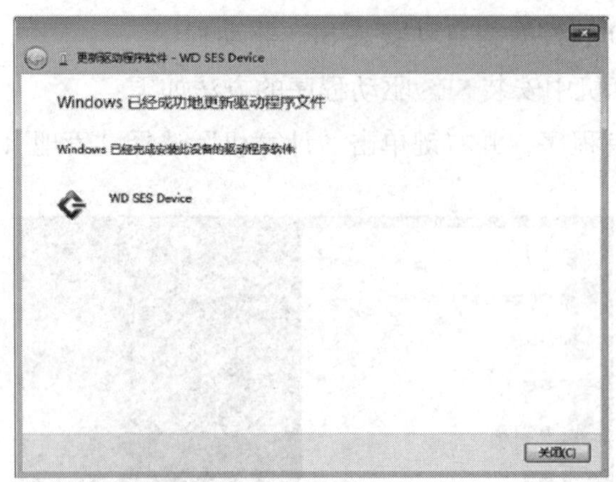

● 图 5—12　安装完成对话框

四、在 Mac 计算机上使用移动硬盘

本任务的移动硬盘出厂时已格式化为单一的 NTFS 分区，兼容 Windows 操作系统。要在 MacOSX 操作系统上使用硬盘和 Time Machine，必须将其重新格式化为单一的 HFS+J 分区。

重新格式化移动硬盘将擦除其存储的全部内容。如果在移动硬盘上保存了文件，应确保在重新格式化之前先备份文件。

五、常见问题处理

1. 移动硬盘加电不启动

确保硬盘已与电源连接。具有总线电源限制的计算机可能需要专用线缆。

2. “我的电脑”中没有移动硬盘盘符

如果系统配备有 USB3.0 或 USB2.0 PCI 适配卡，在连接 USB 3.0 外置存储产品前要确保该适配卡的所有驱动程序已安装，该移动硬盘才可被正确识别。

3. 当移动硬盘与计算机相连时，计算机不能启动

这取决于系统配置，计算机可能会尝试从移动硬盘启动。查看系统主板 BIOS 设置文档，禁用该功能。

4. 数据传输速度非常慢

可能是按 USB1.1 的速度在传输数据，原因是计算机中 USB3.0 或 USB 适配卡驱动程序安装有误或系统不支持 USB 3.0 或 USB 2.0。

六、移动硬盘常见损坏原因

移动硬盘损坏包括磁头组件损坏、控制电路损坏、综合性损坏和扇区物理性损坏（一般称之为物理坏道），以及软损坏。

1. 磁头组件损坏

主要指移动硬盘磁头组件的某部分被损坏，造成部分或全部磁头无法正常读写的情况。磁头组件损坏的方式和可能性非常多，主要包括磁头脏、磁头磨损、磁头悬臂变形、磁线圈受损或磁线圈移位等。

2. 控制电路损坏

指移动硬盘电子线路板中的某一部分线路断路或短路，或者某些电气元件或IC芯片损坏等，导致移动硬盘在通电后盘片不能正常起转，或者起转后磁头不能正确寻道等。

3. 综合性损坏

主要是指因为一些微小的变化使移动硬盘损坏。如移动硬盘在使用过程中因为发热或者其他原因导致部分芯片老化；或是移动硬盘在受到震动后，外壳或盘面或电动机主轴产生了微小的变化或位移。

4. 扇区物理性损坏

指因为碰撞、磁头摩擦或其他原因导致磁盘盘面出现的物理性损坏，譬如划伤、掉磁等。

5. 软损坏

软损坏包括磁道伺服信息出错、系统信息区出错和扇区逻辑错误（一般又被称为逻辑坏道）。

第三节 光盘刻录机

学习目标

1. 了解光盘刻录机及光盘的类型和功能特点。
2. 了解光盘刻录机的保养和光盘的保存方法。
3. 能够正确使用光盘刻录机刻录数据。

光盘刻录是利用激光将数据写到空光盘上从而实现数据储存，其写入过程可以看作是普通光驱读取光盘的逆过程。光盘刻录机是一种特殊的光盘驱动器，不仅可以读取光盘数据，而且还可以将计算机中的数据刻录到特定的光盘中，达到永久保存的目的。

一、光盘刻录机的分类

1. 按安装方式分类

光盘刻录机按安装方式可分为外置和内置两种，内置式就是安装在计算机主机内部，是应用最为普遍的产品类型；外置式则是通过外部接口连接在主机上，主要是针对需要移动工作的用户，更多的是强调移动性，在性能方面要逊色于内置式光盘刻录机。

2. 按刻录机刻录光盘类型分类

根据可刻录光盘的不同，可将刻录机分为 CD 刻录机、DVD 刻录机、BD 刻录机（即蓝光刻录机）。

二、光盘分类

光盘是存放信息的载体，有不同的规格、容量和种类。目前常见的存储数据的光盘类型见表 5—2。

表 5—2　　常见存储数据用光盘类型

类型	特点	存储容量
CD-R	只可写入，不可更改或删除	约 700 M
CD-RW	可重复擦写	约 700 M
DVD ± R	只可写入，不可更改或删除；刻录数据可优先选用 DVD+R，刻录影音光盘可优先选用 DVD-R	约 4.7 G
DVD ± RW	可重复擦写；刻录数据可优先选用 DVD+RW，刻录影音光盘可优先选用 DVD-RW	约 4.7 G
DVD ± RDL（单面双层）	可实现单面双层刻录，容量是普通 DVD 光盘的 2 倍；只可写入，不可更改或删除；刻录数据可优先选用 DVD+RDL，刻录影音光盘可优先选用 DVD-RDL	约 8.5 G
BD-R（蓝光）	只可写入，不可更改或删除	约 25 G
BD-RE（蓝光）	可重复擦写	约 25 G

三、光盘刻录机的保养

光盘刻录机是精密仪器，在使用时要注意以下几个方面：

1. 刻录机工作时发热量很大，不要让刻录机长时间工作，一般情况下，连续刻录 3 张盘片，就要停止工作，减缓刻录机的老化。

2. 保持使用环境清洁，防止灰尘进入刻录机，不使用的时候，一定要关闭刻录机舱门。

3. 选择质量不高的盘片，可能会减少刻录机的使用寿命。

4. 刻录机的读盘性能往往一般，不要把它当作影碟机去读视频光盘。如果要读取各种视频光盘最好另备一个读盘性能比较好的专用光驱。

四、光盘的保存

1. 保存盘片的环境应该避免强光、高温和潮湿，否则会导致盘片变形。

2. 在提取盘片时，不能用手直接接触盘片表面，不能对盘片进行挤压、弯曲。

3. 存放盘片时应该避免重叠存放，应该采用竖立存放，长期平放会使光盘变形。

4. 对于长年不使用的盘片，最好能够做到每隔几个月就转动一下，并且最好能够播放一下或读取一下，检查盘片是否读取正常。

5. 对于需要进行标识的盘片，最好在光盘封装盒上进行标识，不要直接用油性笔在上面书写，油性笔会渗透到盘片的染料层里面，导致光盘的永久性损坏；也不要在盘面上贴小纸条，会导致读盘过程中出现转动不规则、不平衡等现象，长期使用也会造成盘片变形。

6. 不需要立即使用的光盘要放回到储存盒里，在使用的时候要注意不要接触到其他物体。当光盘上出现污垢需要清理时，要选择柔软的布（最好是镜头纸或者专用的布）由里向外呈放射状擦拭。

五、使用光盘刻录机的注意事项

1. 在刻录之前，关闭其他运行程序。

2. 刻录过程中，尽量采用慢速刻录。

3. 硬盘的容量要大、速度要稳定。

4. 要保证被刻录的数据连续，要将刻录的文件存放到同一个分区中。

5. 在刻录之前，应该对计算机进行杀毒。

6. 尽可能给刻录的信息起英文文件名，而且文件名称也不宜太长。

7. 尽可能在高配置的计算机上进行刻录，刻录成功率较高。

8. 在刻录之前，最好先进行预刻录测试。

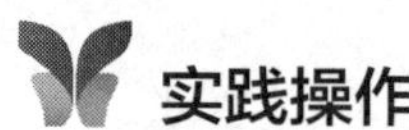

实践操作

使用光盘刻录机刻录数据

目前，光盘刻录软件有很多种，如 Nero、Power2 go 等，它们使用方法基本相同。现在，以常用的 Nero 软件为例进行说明。

1. Nero 光盘刻录软件的安装

将含有 Nero 软件的光盘放入光驱，执行 Setup.exe，按照屏幕相应提示进行操作，安装完成之后，重新启动计算机，Nero 刻录软件就可以正常使用了。

2. 使用 Nero 光盘刻录软件刻录数据

Nero 光盘刻录软件具有刻录数据光盘、音乐光盘、视频光盘、引导光盘等功能。

（1）刻录数据光盘

双击桌面上的 Nero 应用软件图标启动 Nero 软件，显示对话框如 5—13 所示。

第一步：打开 Nero 软件。根据光盘类型，选择刻录类型。这里以刻录数据光盘（即 CD 光盘）为例，选择图 5—13 中“数据光盘”一栏中的“数据光盘”。

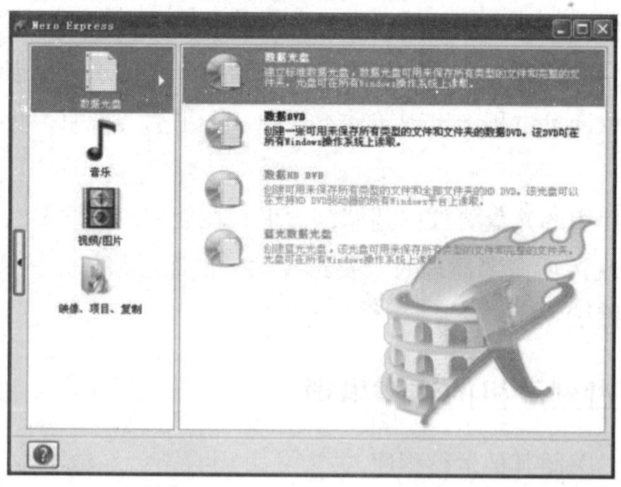

● 图 5—13　Nero 启动界面

第二步：单击“添加”按钮，选择想要刻录的文件，如图 5—14 所示；或者直接将文件拖动至空白处。添加完成以后，单击“下一步”按钮，如图 5—15 所示。

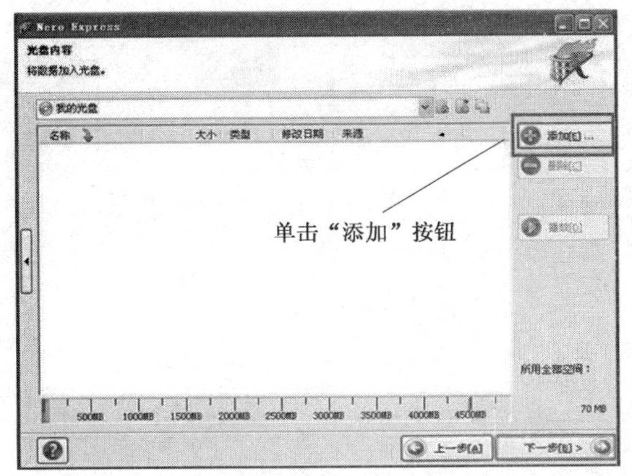

● 图 5—14 添加文件

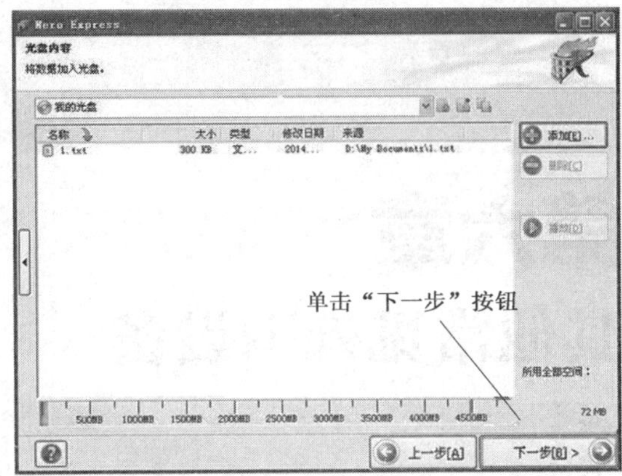

● 图 5—15 添加完成

第三步：在如图 5—16 所示的对话框中单击“刻录”按钮，开始刻录文件，刻录成功后单击“确定”功能。如果要继续刻录文件，选择“新建项目”；不再继续，则点击右上角关闭软件，如图 5—17 所示。

（2）刻录其他类型的光盘

刻录数据视频光盘、音频光盘的操作方法和刻录数据光盘操作类似，在此不再叙述。

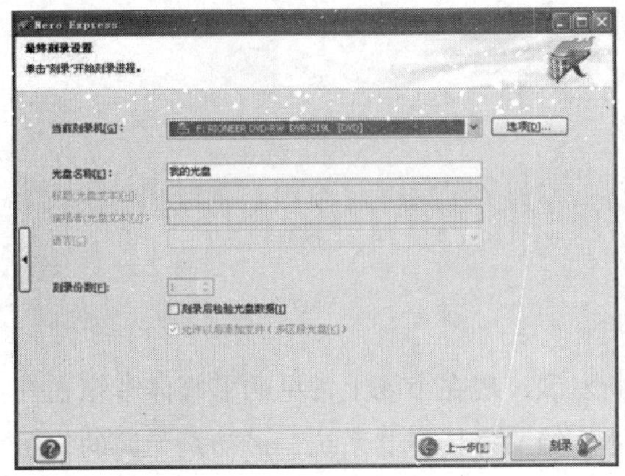

● 图 5—16 开始记录对话框

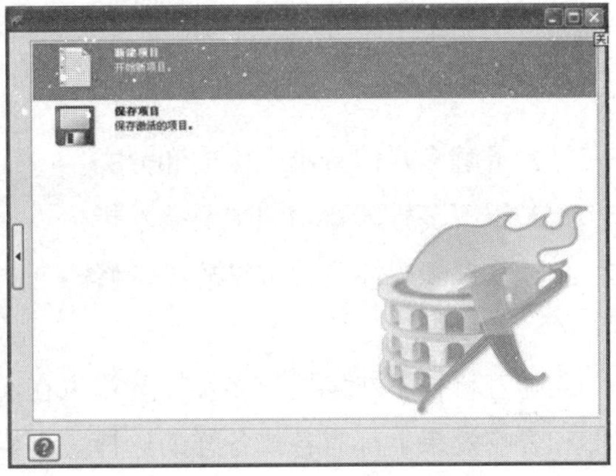

● 图 5—17 完成对话框

第六章
其他常见外围设备

除了前述主流计算机外围设备外，计算机要想完美发挥其办公娱乐功能，还需要配备其他外围设备，如多媒体音箱、不间断电源等。

第一节　多媒体音箱

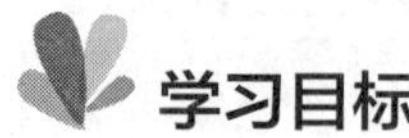

学习目标

1. 了解多媒体音箱的构成和分类。
2. 了解多媒体音箱的主要技术指标。
3. 掌握多媒体音箱常见故障维修。

随着科技不断发展，多媒体音箱也在不断发展，现在市场上常见的多媒体音箱在外形和音响效果上都有各式各样的选择。多媒体音箱又称扬声器系统，最初是无源的，后来为了追求高效往往采取有源设计。所谓源就是指功率放大器，箱体内置功率放大器的音箱被称为有源音箱。

一、多媒体音箱的构成

声卡将数字音频信号转为模拟音频信号输出，因声卡输出音频信号电平一般只有几百毫伏，并不能推动扬声器正常工作，所以音频信号就需要通过音箱内的放大器（简称功放）加以放大。放大后的音频信号就可以推动扬声器，使音箱发出声音。

多媒体音箱由接口、放大器、音箱本体 3 部分组成。接口与声卡连接，把声卡输出的信号导入音箱中的放大器。放大器将微弱音频信号加以放大，推动扬声器正常发声。音箱本体将放大器送来的音频信号变成声音。

二、多媒体音箱的分类

1. 按使用场合分

（1）专业音箱。一般专业音箱的灵敏度较高，放音声压高，力度好，承受功率大，与家用音箱相比，其音质偏硬，外形也不甚精致。但专业音箱中的监听音箱，其性能与家用音箱较为接近，外形一般也比较精致、小巧，所以这类监听音箱也常被家用 HI-FI 音响系统所采用。专业音箱一般用于歌舞厅、卡拉 OK 厅、影剧院、会议室和体育场馆等专业文娱场所，如图 6—1 所示。

（2）家用音箱。家用音箱一般由家庭或个人使用，其特点是音质细腻柔和，外形较为精致、美观，放音声压级不太高，承受的功率相对较小，如图 6—2 所示。

● 图 6—1　专业音箱

● 图 6—2　家用音箱

2. 按有无功率放大器分

（1）有源音箱又称为“主动式音箱”，如图 6—3 所示。

（2）无源音箱又称为“被动式音箱”，无源音箱的音箱内部不带功放电路，如图 6—4 所示。

3. 按箱体的个数分

按音箱的箱体个数不同可分为：一体式音箱（见图 6—5）、2.1 声道音箱（见图 6—6）、4.1 声道音箱（见图 6—7）、5.1 声道音箱（见图 6—8）和 7.1 声道音箱（见图 6—9）。

4. 按音箱的箱体材质分

目前，市场上的音箱的材质多为塑料、金属和木质三种。其中，塑料和木质的最为常见。虽然并没有一个准确的数值表示哪种材料更适合用来制作箱体，但根据它们各自的特性，不同材质的音箱都有各自的优点。

● 图 6—3　有源音箱

● 图 6—4　无源音箱

● 图 6—5　一体式音箱

● 图 6—6　2.1 声道音箱

● 图 6—7　4.1 声道音箱

● 图 6—8　5.1 声道音箱

● 图6—9　7.1声道音箱

（1）塑料箱体音箱（见图6—10）。箱体重量较轻、外形可塑性强、造型时尚、价格低廉，但是箱体单薄、无法克服谐振，因此音色普遍干涩、不圆润，缺少平滑感。大多数塑料音响适合于低端的娱乐选择。

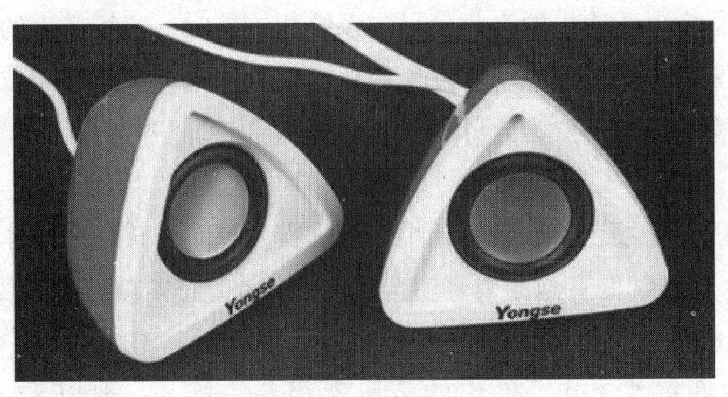

● 图6—10　塑料箱体音箱

（2）木质箱体音箱（见图6—11）。木质箱体是目前使用范围最广的音箱箱体。其中，采用实木制作的音箱为上品。而市场上最多的木质音箱采用的是高密度纤维板，这种材料对声音的总体表现尚可，加工成本也比较低，多数中档音箱都属于木质音箱。

（3）金属箱体音箱（见图6—12）。金属箱体音箱是近些年来才出现的带有较高技术含量的产品。材质特性使得音箱厂家可以融入各种工业设计理念，从审美的角度提升了金属音箱的性价比。另外，金属音箱在高频部分的表现能力非常出色，通透感极佳。但是，与塑料音箱相同，这类产品对于厂家的金属加工能力和设计能力也有着极强的要求。因此，生产厂家数量非常有限，产品的价格比较昂贵。

● 图6—11　木质箱体音箱

● 图6—12　金属箱体音箱

三、多媒体音箱的主要技术指标

1. 功率

功率决定了音箱所能发出的最大声强。

2. 频率范围与频率响应

频率范围是指音箱的最低有效回放频率与最高有效回放频率之间的范围；而频率响应是指将一个以恒定电压输出的音频信号与系统相连接时，音箱产生的声压随频率的变化而发生增大或衰减、相位随频率而发生变化的现象，这种声压和相位与频率的相关联变化关系称为频率响应，单位为分贝（dB）。

3. 失真度

失真度通常以百分数表示，数值越小表示失真度越小，普通多媒体音箱的失真度以小于 0.5% 为宜，而通常低音炮的失真度普遍较大，小于 5% 就可以接受。

4. 音箱的灵敏度（单位 dB）

音箱的灵敏度每差 3 dB，输出的声压就相差一倍，一般以 87 dB 为中灵敏度，84 dB 以下为低灵敏度，90 dB 以上为高灵敏度。

5. 阻抗

它是指扬声器输入信号的电压与电流的比值。这项指标虽然与音箱的性能关系不大，但最好还是不要购买低阻抗的音箱，推荐值是标准的 8 Ω。

6. 信噪比

信噪比指音箱回放的正常声音信号与噪声信号的比值。信噪比低时，小信号输入时噪声严重，整个音域的声音明显感觉混浊不清，所以信噪比低于 80 dB 的音箱不建议购买。

7. 高音单元材质

多媒体有源音箱的高音单元目前主要以软球顶为主，最常见的有敷胶纸盆、纸基羊毛盆、紧压制盆等几种。

四、多媒体音箱常见故障维修

多媒体有源音箱是计算机输出设备，在日常使用的过程中有时会遇到各种小故障，下面就介绍一些多媒体有源音箱的常见故障及维修方法。

1. 音箱没声音或只有一个音箱出声

检查电源、音频连接线是否接好，检查声卡驱动程序是否存在问题，如上述检查都未发现问题，则可更换音源，以确定是否音箱本身存在问题。

2. 音箱有杂音

更换声卡插槽，尽量远离其他插卡，如显卡和网卡等；将声卡上的音频线拔掉测试，如果杂音消失，则说明杂音是由音频线导致的，可以更换一根音频线。

第二节　不间断电源

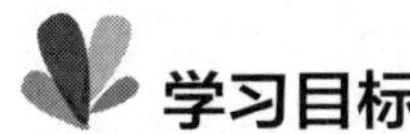

学习目标

1. 了解不间断电源（UPS）的结构和类型。
2. 了解不间断电源（UPS）的技术指标。
3. 能够正确维护和保养不间断电源 UPS。

UPS 即“不间断电源”，是英语“Uninterruptible Power Supply”的缩写，它可以保障计算机系统在停电之后继续工作一段时间，使用户能够紧急存盘，不致因停电而影响工作或丢失数据。它在计算机系统和网络应用中，主要起到两个作用：一是应急使用，防止突然断电而影响正常工作，给计算机造成损害；二是消除市电上的电涌、瞬间高电压、瞬间低电压、电线噪声和频率偏移等“电源污染”，改善电源质量，为计算机系统提供高质量的电源。

一、不间断电源的结构

UPS 是一种含有储能装置，以逆变器为主要元件，稳压稳频输出的电源保护设备，主要由整流器、蓄电池、逆变器和静态开关等几部分组成。

1. 整流器

整流器是一个整流装置，简单地说就是将交流（AC）转化为直流（DC）的装置。它有两个主要功能：第一，将交流电（AC）变成直流电（DC），经滤波后供给负载，或者供给逆变器；第二，给蓄电池提供充电电压。

2. 蓄电池

蓄电池是 UPS 用来储存电能的装置，由若干个电池串联而成，其容量大小决定了维持放电（供电）的时间。其主要功能是：当市电正常时，将电能转换成化学能储存在电池内部；当市电故障时，将化学能转换成电能提供给逆变器或负载。

3. 逆变器

通俗地讲，逆变器是一种将直流电（DC）转化为交流电（AC）的装置。它由逆变桥、控制逻辑和滤波电路组成。

4. 静态开关

静态开关又称静止开关，是一种无触点开关，是用两个可控硅（SCR）反向并联组成的交流开关，其闭合和断开由逻辑控制器控制。它分为转换型和并机型两种。转换型开关主要用于两路电源供电的系统，实现从一路到另一路的自动切换；并机型开关主要用于并联逆变器与市电或多台逆变器。

二、不间断电源的类型

UPS 按其工作原理不同可分为后备式、在线互动式以及在线式三种。

1. 后备式 UPS 系统（Offline）

后备式 UPS 也被称为离线式 UPS，其工作流程如图 6—13 所示。平时处于蓄电池充电状态，在停电时逆变器紧急切换到工作状态，将电池提供的直流电转变为稳定的交流电输出。后备式 UPS 电源的优点是运行效率高、噪声低、价格便宜，主要适用于市电波动不大，对供电质量要求不高的场合，比较适合家庭使用。然而这种 UPS 存在切换时间问题，因此不适合用在关键性的供电不能中断的场所。后备式 UPS 一般只能持续供电几分钟到几十分钟，主要是让用户有时间备份数据，并尽快结束手头工作。

2. 在线互动式 UPS 系统（Line-Interactive）

所谓在线互动式 UPS，是指在输入市电正常时，UPS 的逆变器处于反向工作（即整流工作状态），给电池组充电；在市电异常时逆变器立刻转为逆变工作状态，将电池组电能转换为交流电输出，因此在线互动式 UPS 也有转换时间，其工作流程如图 6—14 所示。同后备式 UPS 相比，在线互动式 UPS 的保护功能较强，逆变器输出电压波形较好，一般为正弦波，而其最大的优点是具有较强的软件功能，可以方便地上网，进行 UPS

的远程控制和智能化管理。可自动侦测外部输入电压是否处于正常范围之内，如有偏差可由稳压电路升压或降压，提供比较稳定的正弦波输出电压。而且它与计算机之间可以通过数据接口（如 RS–232 串口）进行数据通信，通过监控软件，用户可直接从电脑屏幕上监控电源及 UPS 状况，并可提高计算机系统的可靠性。这种 UPS 集中了后备式 UPS 效率高和在线式 UPS 供电质量高的优点，但其稳频特性能不是十分理想，不适合做延时的 UPS 电源。

· 正常工作时

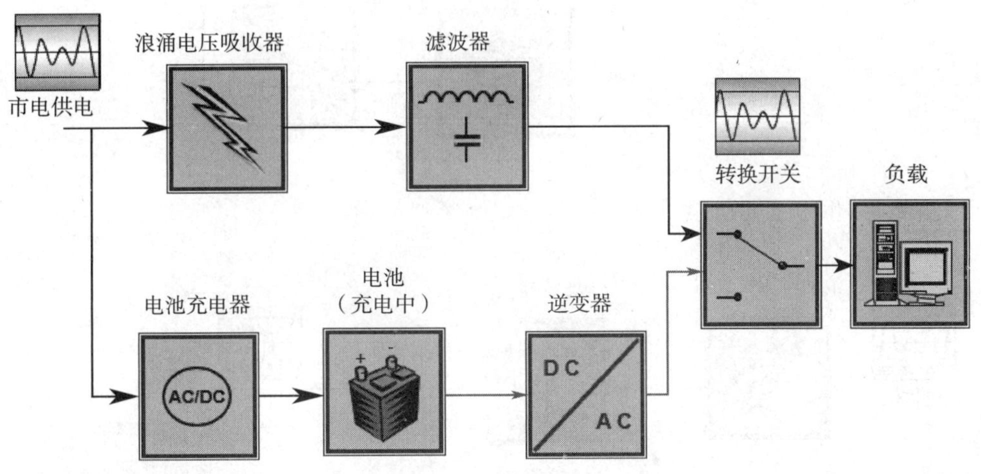

· 电池工作时

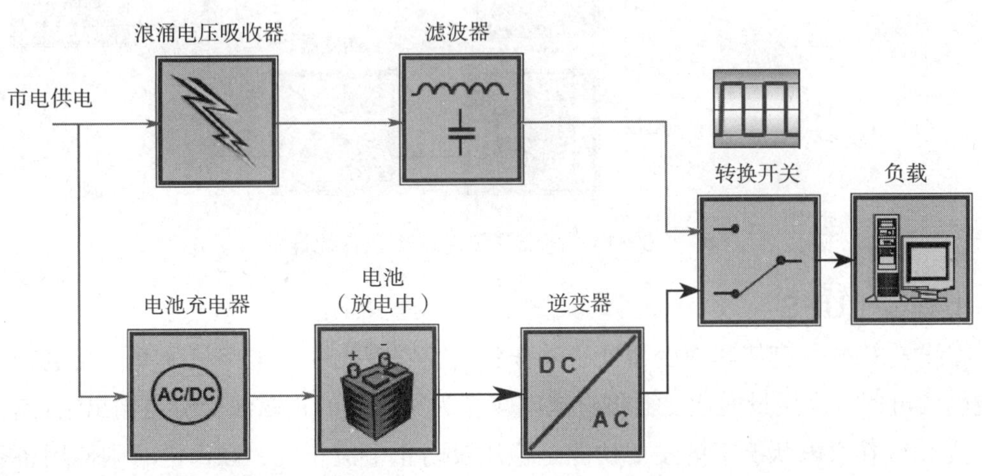

● 图 6—13　后备式 UPS 工作流程图

·正常工作时

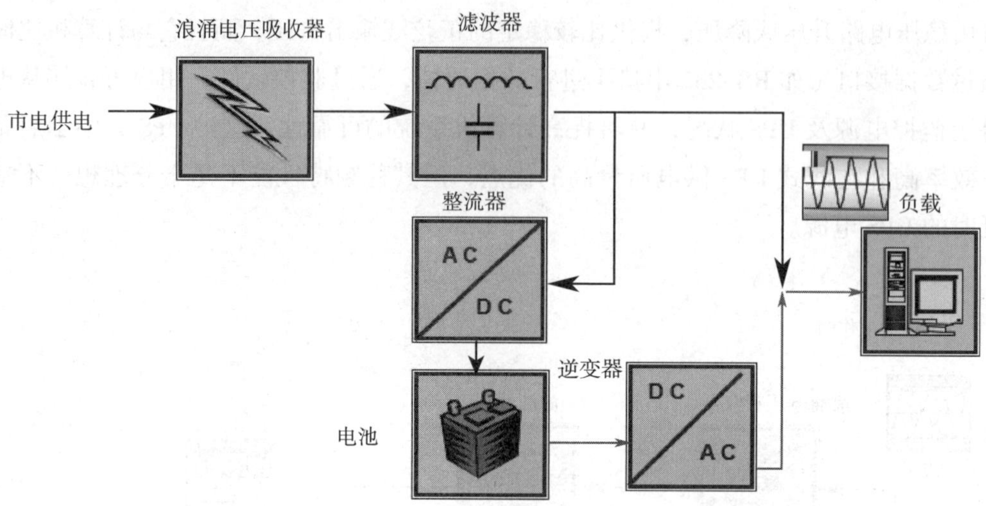

·电池工作时

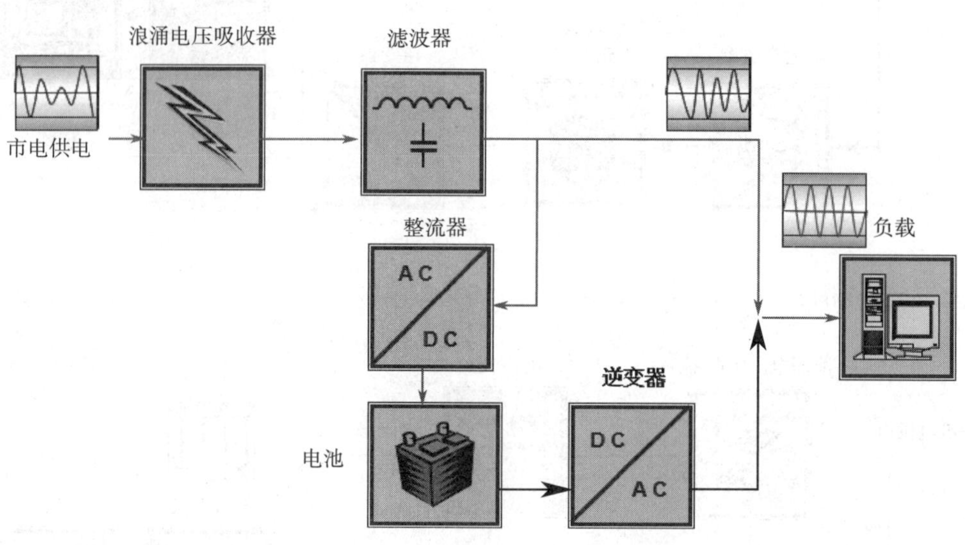

● 图 6—14 在线互动式 UPS 工作流程图

3. 在线式 UPS

在线式 UPS 一直使其逆变器处于工作状态，它首先通过电路将外部交流电转变为直流电，再通过高质量的逆变器将直流电转换为高质量的正弦波交流电输出给计算机。在线式 UPS 在供电状况下的主要功能是稳压及防止电波干扰；在停电时则使用备用直流电源（蓄电池组）给逆变器供电。由于逆变器一直在工作，因此不存在切换时间问题，适用于对电源有严格要求的场合，其工作流程如图 6—15 所示。在线式 UPS 不同于后备式的一大优点是供电持续时间长，一般为几个小时，有的能达到十几个小时。这种在线式 UPS 比较适用于交通、银行、证券、通信、医疗、工业控制等行业，因为这些领域的计算机一般不允许出现停电现象。

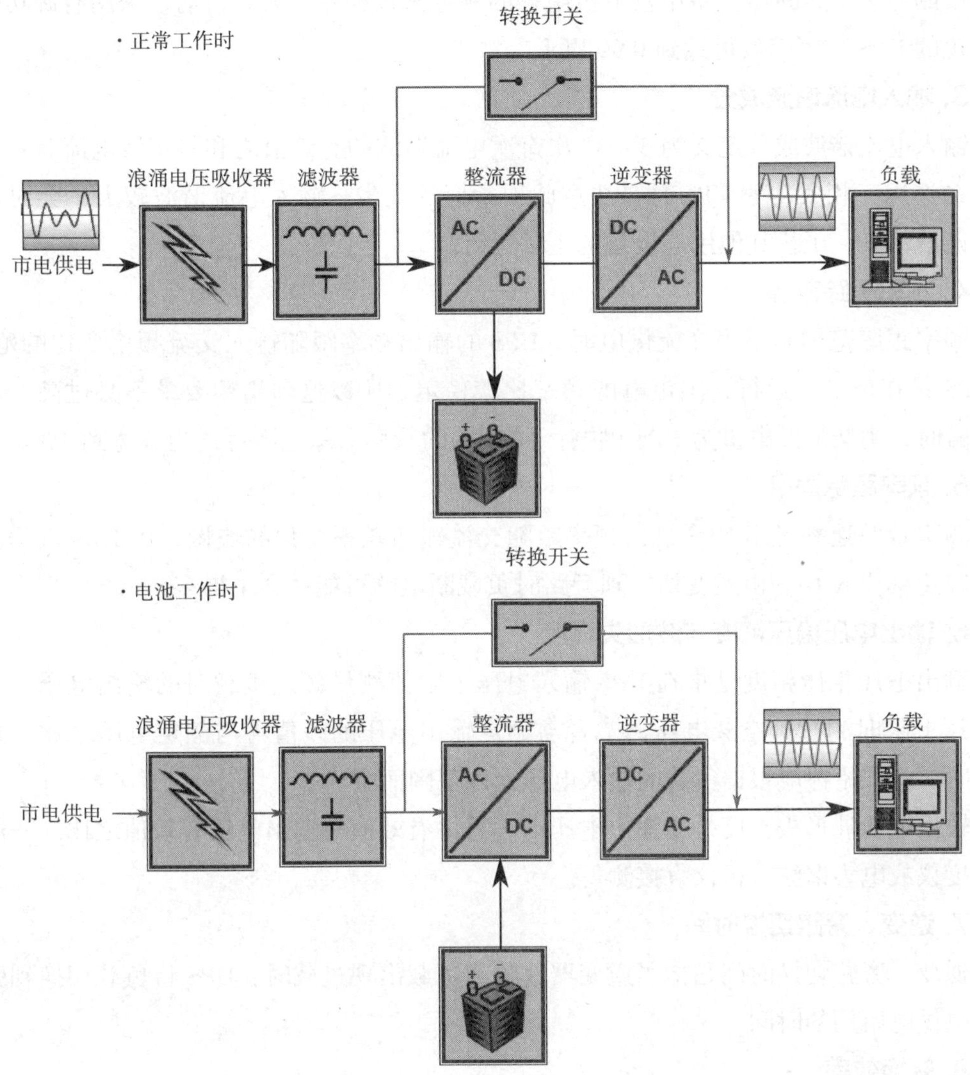

● 图6—15 在线式 UPS 工作流程图

三、不间断电源的技术指标

1. 输入电压允许范围

输入电压允许范围由 UPS 电源生产商根据市电电网的一般变化范围和内部整流电路形式确定。若供电电压较稳定且又接近额定值的使用场合可选用输入电压允许范围较窄的 UPS，这样有利于提高运行的可靠性；若市电电压不稳定，可将输入电压范围适当放宽，避免在运行中出现市电供电与逆变器供电的频繁切换。

2. 输入功率因数

输入功率因数定义为输入有功功率与视在功率之比。UPS 的功率因数低，与 UPS 相连接的导线、熔断器、备用发电机组等的额定参数都要加大。目前，采用有源功率因数校正的 UPS 功率因数可达到 0.99 以上。

3. 输入电流谐波成分

输入电流谐波成分定义为 3 ~ 39 次奇次电流谐波的有效值之和与基波电流有效值之比。在选用三相大功率 UPS 时要注意此项指标的优劣。输入电流谐波较大，会对电网造成谐波污染，干扰其他用电设备的正常运行。

4. 频率跟踪范围

频率跟踪范围是指当交流供电时，UPS 的输出频率跟随输入交流频率变化的范围。若 UPS 只在市电下运行，因市电的频率比较稳定，所以这项指标要求不必过高。若市电异常时，由柴油发电机为 UPS 供电，则 UPS 的频率跟踪范围可适当放宽到 4%。

5. 频率跟踪速率

频率跟踪速率是指 UPS 输出频率跟随交流输入频率变化的快慢，用 Hz/s 表示。频率跟踪速率快的 UPS 由逆变切换到旁路时负载断电的可能性会小得多。

6. 输出电压稳压精度与波形失真度

输出电压稳压精度是指在 UPS 输入电压下限值测量额定负载时的输出电压，在输入电压上限时测量其空载电压，二者与额定输出电压的差值再与额定电压之比。选择 UPS 时，此项指标应根据负载的输入电压允许范围而定。

输出电压波形失真度是指输出电压谐波总体有效值与输出电压有效值之比。一般用失真度仪或电力谐波分析仪直接测得。

7. 逆变、旁路切换时间

逆变、旁路切换时间是指当逆变器故障或负载出现过载时，UPS 将负载切换到旁路由市电供电所用的时间。

8. 转换效率

转换效率是指在额定输入电压、输出额定负载时，输出的有功功率与输入有功功率（不含电池充电功率）之比。

9. 输出功率因数

输出功率因数用来衡量 UPS 对感性、容性等非线性负载的驱动能力。

10. 输出电流峰值系数

输出电流峰值系数是指整流非线性电路脉冲电流的峰值与其基波电流的有效值之比。它用来衡量 UPS 对整流非线性负载的驱动能力。

11. 过载能力

过载能力主要取决于整流器与逆变器的功率设计余量。衡量标准是在一定的过载容量下连续运行且不转旁路的最长时间。

12. 并机输出电流不均衡度

并机输出电流不均衡度是指三相 UPS 电源在其三相负载不平衡状态下，三相输出电压的不平衡度。此项指标规定在 100% 不平衡负载下测量。

13. 不间断电源的保护功能

不间断电源的保护功能包括输出短路保护、输出过载保护、过温保护、电池欠压保护、输出过欠压保护、抗雷击浪涌能力等。

四、不间断电源的维护和保养

1. 定期检查蓄电池的状态，保持蓄电池室和电池容器、支架、外壳清洁。定期检查电池串联接线端子，使之接触良好，防止电流放电时产生打火和压降增大现象。

2. 若 UPS 在运行 2 ~ 3 个月期间很少发生停电或没有停电现象，则应实行核对性放电，将市电人为断开，放出电池容量的 30% ~ 40%，然后再接入市电正常运行。

3. 电池使用环境要求温度在 0℃到 40℃之间，避免阳光直射并且保持清洁。一般在室温条件下，正常使用时密封免维护铅酸电池的使用寿命为 3 ~ 5 年。

4. 要为 UPS 的运行提供较好的使用环境，在可能的情况下，尽量避免灰尘、油烟等侵入 UPS，以减少 UPS 因使用环境差而造成的故障。

5. 在开关 UPS 时，要按照开关机的顺序来操作，即开机时为市电开，UPS 开，负载开；关机时为负载关，UPS 关，市电关。不要频繁开启 UPS，UPS 开启间隔应该保持在 5 min 以上。

6. 对输入 UPS 的市电电池输出负载，各回路中所使用的空气开关、闸刀开关、插座、接线等要确保接触良好。如出现打火现象，要及时处理或更换。

7. UPS 的输出不允许接感性负载（如空调、电动机、电钻等），尽量不要在满载，甚至过载下运行。如果出现过载警告，要立即卸掉部分负载。

8. 定期（2 ~ 3 个月）清扫 UPS 的进风孔，在机壳外用毛刷，对前面板的横条形进风孔和侧板小圆孔进行清扫，以利通风散热，保证 UPS 工作稳定。

9. UPS 的防磁能力不是很好，不应把强磁性物体放在 UPS 上，否则会导致 UPS 工作不正常或损坏机器。